建筑工程场景化BIM应用

宗 华 董晓进 主编

东南大学出版社
·南京·

图书在版编目（CIP）数据

建筑工程场景化 BIM 应用/ 宗华，董晓进主编. —南京：东南大学出版社，2024.1

ISBN 978-7-5766-0927-1

Ⅰ. ①建… Ⅱ. ①宗… ②董… Ⅲ. ①建筑工程－应用软件 Ⅳ. ①TU-39

中国国家版本馆 CIP 数据核字（2023）第 206282 号

责任编辑:韩小亮　责任校对:杨　光　封面设计:余武莉　责任印制:周荣虎

建筑工程场景化 BIM 应用

主　　编：宗　华　董晓进
出版发行：东南大学出版社
出 版 人：白云飞
社　　址：南京四牌楼 2 号　邮编：210096　电话：025-83793330
网　　址：http://www.seupress.com
电子邮箱：press@seupress.com
经　　销：全国各地新华书店
印　　刷：广东虎彩云印刷有限公司
开　　本：787 mm×1092 mm　1/16
印　　张：11.5
字　　数：273 千
版　　次：2024 年 1 月第 1 版
印　　次：2024 年 1 月第 1 次印刷
书　　号：ISBN 978-7-5766-0927-1
定　　价：52.00 元

《建筑工程场景化 BIM 应用》
编委会

主　　编：宗　华　董晓进

副 主 编：张梦林　邵荣庆　刘如兵

编写人员：陆天驰　周　智　卢　亮　郑快乐

　　　　　殷仁如　张　龙

编写单位：泰州市城市建设工程管理中心

　　　　　正太集团有限公司

　　　　　中城建第十三工程局有限公司

　　　　　江苏润泰建设工程有限公司

　　　　　南京理工大学泰州科技学院

　　　　　泰州职业技术学院

序

建筑信息模型(BIM),在城乡建设领域可以说人人皆知,不少工程把 BIM 技术应用的成果作为亮点,不少企业把 BIM 技术推行作为数字化转型的关键点,不少个人把 BIM 技术的掌握作为能力提升的重点。

进入二十一世纪,随着计算机技术软硬件的发展,BIM 技术逐步成形,以其"设计参数的可视化""专业及工序间的协调性""过程和运行的模拟性""易实现的优化性"及"二三维一致的可出图性"等优点,为建筑工程中容易出现的"错、漏、碰、缺"等问题提供了较好的解决手段,为建筑工程进一步提质增效奠定了基础,开启了建筑工程数字建造、精益建造、绿色建造、智能建造的新局面。

近些年,我省在组织开展省级建筑产业现代化示范申报时,特别将"BIM 技术应用示范工程"纳入其中,鼓励企业在项目设计、施工、运营等阶段集成应用 BIM 技术。从实际情况看,虽然 BIM 技术目前在项目上的具体应用呈碎片化、阶段性、伴随式的特点,但在方案优化、碰撞检查、造价控制等方面上还是取得了一定成效。

一些有条件的设计、施工、监理、造价咨询单位,陆续添置软硬件设备,培训人员,组建 BIM 中心,开始了设计和施工阶段的 BIM 应用探索和实践。有些设计单位的设计人员自学计算机编程,有针对性地开发 BIM 应用软件或插件,有效提高了 BIM 的应用水平和能力。

与此同时,省住建厅还采取多种方式组织企业和科研院校对 BIM 应用的痛点、堵点及难点问题进行研究,先后研究编制《民用建筑信息模型设计应用标准》《工程勘察设计数字化交付标准》和《民用建筑信息模型施工应用标准》等地方标准,探索解决的策略、路径、方法,推广复制成功的经验。

当然,新事物的出现,总是要历经坎坷的。虽然 BIM 技术在我国发展了这么多年,也取得了不少的成果,积累了许多好的经验和做法,但由于各种因素的限制,在普及程度和深化应用上还存在着很大的差距。造成这个现象的因素有很多,比如说,对 BIM 的认识和理解不够深入、BIM 应用的软硬件环境不够完善、BIM 的标准法规还没有形成完整的体系、BIM 应用人才还十分缺乏等等。

以大家对 BIM 的认识为例,不同单位和岗位的人会有不同的理解。有人认为 BIM 就是一种工具,利用它可以更好地做好工程建设的各项工作,反过来说没有 BIM 也可以,也应该做好工程建设的各项工作。还有人认为 BIM 就是模型,可以直观的展示今后建成建筑的样子,供大家讨论和欣赏。还有人认为 BIM 就是三维碰撞检查,把构件之间和管线之间的碰撞问题在施工前发现,并提出解决方案,避免不必要的返工。客观上讲这些认识和理解并没有不对的地方,但有些片面。

我个人认为,"BIM"的核心不是"M",而是"I"。我国《建筑信息模型统一应用标准》(GB/T51212—2016)对 BIM 作出的定义是:在建筑工程及设施全生命期内,对其物理及功能特性数字化表达,并依此设计、施工、运营的过程和结果的总称。它在总结和概括 BIM 时,最后的落脚点是过程和结果,全文也没有提到"模型"二字。人们对 BIM 的理解偏差,直接影响到了 BIM 技术的应用和推广。

让人欣喜的是,泰州市这些年在 BIM 应用推广方面作出了许多有益的尝试,为我们打开了 BIM 发展的另一扇窗。2022 年 7 月,住建部简报推广泰州 BIM 路径探索工作,泰州国产化平台建设、技术规范完善、项目落地、人才培养和宣传推广等工作受到肯定。

从 2019 年泰州起草 BIM 应用实施意见开始,我曾多次参加泰州组织的相关 BIM 活动,有导则编制研讨、有职工技能竞赛、有示范项目观摩等等,方方面面都有涉及,可以说,我全程见证了泰州 BIM 技术应用的发展和壮大,期间更是常常被他们的实干精神和执著精神所感动。这次他们抓住"人才培养"这个关键,从过去这些年泰州地区的省市级 BIM 示范项目、BIM 竞赛优秀作品中,选取典型的 BIM 应用场景,进行归纳总结并整理成书,既可用作高校 BIM 教材,也可辅助工程一线施工,实践指导性很强,十分难能可贵!

我们有理由相信,该书的出版发行必将开启 BIM 技术应用的新篇章。

蒋　谦
2023 年 9 月 12 日

目　录

1

BIM 基础知识

1.1 BIM 概述

1.1.1 BIM 的由来及概念

"BIM"最早由美国佐治亚技术学院(Georgia Technology College)建筑与计算机专业的查克·伊斯曼(Chuck Eastman)博士提出,最初概念为"建筑信息模型包含了不同专业的所有的信息、功能要求和性能,把一个工程项目的所有的信息,包括在设计过程、施工过程、运营管理过程的全部信息,整合到一个建筑模型中"。

根据 2015 年中华人民共和国住房和城乡建设部印发的《关于推进建筑信息模型应用的指导意见》,BIM 是在计算机辅助设计(CAD)等技术基础上发展起来的多维模型信息集成技术,是对建筑工程物理特征和功能特性信息的数字化承载和可视化表达。BIM 能够应用于工程项目规划、勘察、设计、施工、运营维护等各阶段,实现建筑全生命期各参与方在同一多维建筑信息模型基础上的数据共享,为产业链贯通、工业化建造和建筑创作繁荣提供技术保障;支持对工程环境、能耗、经济、质量、安全等方面的分析、检查和模拟,为项目全过程的方案优化和科学决策提供依据;支持各专业协同工作、项目的虚拟建造和精细化管理,为建筑业的提质增效、节能环保创造条件。

1.1.2 BIM 常用术语

1) 建筑信息模型 building information modeling, building information model (BIM)

在建设工程及设施全生命期内,对其物理和功能特性进行数字化表达,并依此设计、施工、运营的过程和结果的总称。简称模型。

2) 建筑信息子模型 sub building information model(sub-BIM)

建筑信息模型中可独立支持特定任务或应用功能的模型子集。简称子模型。

3）建筑信息模型元素　BIM element

建筑信息模型的基本组成单元。简称模型元素。

4）建筑信息模型软件　BIM software

对建筑信息模型进行创建、使用、管理的软件。简称 BIM 软件。

5）元素　element

建筑主体中独立或与其他部分结合，满足建筑主体主要功能的部分。可以用形状表示、材料表示和其他属性描述的有形实体产品。

6）工作成果　work result

在新建建筑的施工阶段和既有建筑的改建、扩建、维修、拆除活动中得到的建设成果。

7）工程建设项目阶段　building construction project phase

工程项目建设过程中根据一定的标准划分的时间段。

8）行为　activity

工程相关方在工程建设中表现出的工作。

9）专业领域　discipline

建筑工程领域内的专业分支。

10）建筑产品　building product

建筑工程建设和使用全过程中所用并结合到建筑实体中的产品，包括各种材料、部品、设备以及它们的组合。

11）组织角色　organizational role

在整个工程项目生命期中的任一过程和工序的专业领域的参与者，包括团队和个人。

12）工具　tool

在工程项目生命期中使用的软件、设备、物品等。

13）信息　information

在创建和维护建设环境过程中供参考和利用的数据。

14）材质　material

用于工程建设或制造建筑产品的基本物质。

15）属性　property

用于描述建设实体或者活动的特征。

16）归档　archive

按照一定原则进行信息提取、集合、存档的过程。

17）模型细度　level of development（LOD）

模型元素组织及几何信息、非几何信息的详细程度。

18）施工建筑信息模型　BIM in construction

施工阶段应用的建筑信息模型。简称施工 BIM。

19）设计交付　design delivery

根据工程项目的应用需求，将设计信息传递给需求方的行为。

20）设计信息　design information

建筑工程设计工作所形成的描述建筑（物理实体）本体特征的信息集合。

21）设计阶段　design phases

工程项目竣工交付之前，根据基本建设程序而划分的重要设计交付过程分划。

22）应用需求　application requirement

依据工程操作目标而确定的对于建筑信息模型的需求。

23）交付物　deliverable

基于建筑信息模型交付的成果。

24）协同　collaboration

基于建筑信息模型进行数据共享及相互操作的过程。

25）工程对象　engineering object

构成建筑工程的建筑物、系统、设施、设备、零件等物理实体的集合。

26）模型单元　model unit

建筑信息模型中承载建筑信息的实体及其相关属性的集合，是工程对象的数字化表述。

27）模型架构　model framework

组成建筑信息模型的各级模型单元之间组合和拆分等构成关系。

28）最小模型单元　minimal model unit

根据建筑工程项目的应用需求而分解和交付的最小拆分等级的模型单元。

29）模型精细度　level of model definition

建筑信息模型中所容纳的模型单元丰富程度的衡量指标。

30）几何表达精度　level of geometric detail

模型单元在视觉呈现时，几何表达真实性和精确性的衡量指标。

31）信息深度　level of information detail

模型单元承载属性信息详细程度的衡量指标。

32）特性　attribute

组成实体的信息单位，由特定数据类型或对特定实体的引用来定义。

33）实体　entity

根据通用属性和约束定义的信息类，是指现实世界中客观存在的并可以相互区分的对象或事物,是某类事物的集合。

34）标识　identification

对实体作的记号、符号或标志物,用于标示和识别。

35）实例　instance

实体类的具象表示,在面向对象编程语言中与类实例相似。

36）对象　object

可以感知的物体,或者可以想象出明显存在的非物质性的东西。

37）类型　type

由基本元素、枚举或实体选择派生的基本信息构成。

38）参与者　actor

人员、某个组织或代表组织的人员。

39）枚举　enumeration

是一种结构类型,该类型中的特性值可以是按名称标识的多个预定义值中的一个。

40）分类　classification

将事物分配到相同类型的种类或类别中的行为。

41）约束　constraint

基于特定因素的限制。

42）控制　control

适应指定需求的指令,如范围、时间和成本等。

43）字典　dictionary

词汇、术语或概念及其定义的集合。

44）元素实例　element occurrence

表示元素在项目坐标系中的位置及其在空间结构中的包含关系。

45）特征　feature

参数信息和附加属性信息,元素特征可用于修改该元素的形状表示。

46）组　group

复合特定目的的信息集合。

47）库　library

与数据集中信息相关的数据分类或数据容器。

48）对象实例　object occurrence

对象类作为独立个体的特征表现。

49）对象类型　object type

多个对象实例共享的公共特性。

50）过程　process

对象实例的产生时间段。

51）过程实例　process occurrence

在特定时间段可产生的概念化对象。

52）过程类型　process type

多个过程实例共享的公共特性。

53）产品　product

作为通用术语的专业化表达，特指存在于空间的物理对象或概念对象。

54）产品实例　product occurrence

具有空间位置和形状特征的物理对象或概念对象。

55）产品类型　product type

多个产品实例共享的公共特性。

56）项目　project

作为通用术语的专业化表达，特指为创造独特的产品、服务或成果而进行的临时性工作。

57）属性实例　property occurrence

根据名称标识为属性赋值的信息单元。

58）属性模板　property template

属性的元数据，包括名称、描述和数据类型。

59）属性集实例　property set occurrence

包含一组属性实例的信息单元，在属性集中的每个属性都具有唯一的名称。

60）属性集模板　property set template

用于一个共同的目的且适用于特定实体对象的一组属性模板。

61）代理　proxy

该类对象不包含特定对象类型的信息，是通用对象的表达，可用于表示暂未定义的对象实体。

62）数量 quantity

基于度量范围的测量，如长度、面积、体积、重量、计数或时间等。

63）数量实例　quantity occurrence

提供数量值的信息单元。

64）数量集　quantity set

包含一组数量实例的信息单元，在数量集中的每个数量实例都具有唯一的名称。

65）关系　relationship

描述事物之间相互联系的信息单元。

66）表达　representation

描述物体如何显示的信息单元，如物理形状或拓扑结构。

67）资源　resource

具有有限可用性的实体，如材料、劳力或设备。

68）资源实例　resource occurrence

具有固有财务成本的实体，可以将其传递到分配给它的过程、产品和控制。

69）资源类型　resource type

多个资源实例共享的公共特性。

70）空间　space

实际上或理论上的有界面积或体积。

71）数据模式　schema

建筑信息模型数据的结构、属性、联系和约束的描述。

72）交换物　exchange

以文件形式交换模型数据时，由数据供给方向数据接收方提供的所有文件的集合。

73）元数据　metadata

用于记录、说明交换数据构成信息的数据，例如数据作者、数据版本、模型文件的数量、模型引用文件的数量等。

74）元数据文件　metadata file

用于记录元数据的文件。在数据交换物中包含元数据文件，可以指明交换物的基本构成，对交换物的完整性进行初步校验。

75）制图表达　graphic expression

为表达设计意图，采用建筑信息模型表述设计内容、呈现交付物的工作。

76）体量　InaSS

以几何形体或组合表示的建筑物或构配件的空间形状和大小。

77）空间占位　space occupation

建筑物或构配件在三维空间的指定位置上，于各方向上所占用的最大空间。

78）定位基点　position base point

模型单元的空间定位特征点。

79）模型容差　model tolerance

模型单元与所描述的实际工程对象之间的容许偏差。

80）模型工程量 quantity takeoff

依据建筑信息模型承载的信息提取的工程空间、构配件、材料和产品的数量集合。

81）建筑信息模型工程视图 building information model view

将建筑信息模型在某个空间方向上向投影面投射时所形成的投影。简称模型视图。

82）正投影视图 orthogonal projection

建筑信息模型在投射线与投影面相垂直的方向上投射所形成的视图。

83）镜像投影图 reflective projection

建筑信息模型在平面镜中反射投射时所形成的正投影视图。

84）简图 diagram

由规定的符号、文字和图线组成的示意性的图。

85）轴测图 axonometric projection

将建筑信息模型连同其参考直角坐标系，沿不平行于任一坐标面的方向，用平行投影法将其投射在单一投影面上所形成的视图。

86）视图 perspective projection

用中心投影法将建筑信息模型投射在单一投影面上所形成的视图。

87）标高投影图 indexed projection

在建筑信息模型的水平投影上，加注其某些特征面、线以及控制点的高程数值的正投影视图。

88）点云 point cloud

通过扫描得到的海量的点集合。

1.2 BIM 技术的国内现状

1.2.1 总体概述

建筑信息模型（BIM）推进政策指的是国家、行业和地方所发布的用来鼓励、支持、引导和推动 BIM 技术发展的相关政策。在仅依赖市场机制分配资源时较不利于 BIM 技术的发展，为尽快增强我国的技术力量，BIM 推进政策应运而生。其作为保障 BIM 技术合理、有序发展的重要措施，以推进建筑信息模型（BIM）应用在行业内的高质量快速发展为战略目标。为便于展示，特选取国家、江苏省和泰州市地区展示各级 BIM 推进政策情况。

整体政策路线可分为三个方面：一是助力 BIM 等信息技术在工程设计、施工和运行维护全过程的应用；二是以 BIM 等信息技术为基础，推动城市信息模型（CIM）的建设与发展；三是以 BIM 等信息技术为基础，助推智能建造与建筑工业化的协同发展。

根据中华人民共和国住房和城乡建设部办公厅全国工程质量安全提升行动进展情况

的通报的数据,在 2017 年第二、三和四季度全国应用建筑信息模型(BIM)技术的工程项目分别为 616 个、799 个和 1 265 个,在 2018 年第二、三和四季度分别为 961 个、1 305 个和 1 421个,在 2019 年第一、二和三季度分别为 1 142 个、1 041 个和 1 540 个。由此可见,在 BIM 推进政策的扶持下,全国应用建筑信息模型(BIM)技术的工程项目稳步增长。

1.2.2 BIM 推进政策

1) 国家级 BIM 推进政策

2010 年 5 月 10 日,中华人民共和国住房和城乡建设部印发《2011—2015 年建筑业信息化发展纲要》,文中提出,"十二五"期间,基本实现建筑企业信息系统的普及应用,加快建筑信息模型(BIM)发展,推动信息化标准建设,形成一批信息技术应用达到国际先进水平的建筑企业。

2014 年 7 月 1 日,中华人民共和国住房和城乡建设部印发《关于推进建筑业发展和改革的若干意见》,文中提出:推进建筑信息模型(BIM)等信息技术在工程设计、施工和运行维护全过程的应用,提高综合效益;推广建筑工程减隔震技术。

2015 年 6 月 16 日,中华人民共和国住房和城乡建设部印发《关于推进建筑信息模型应用的指导意见》,文中提出:到 2020 年末,建筑行业甲级勘察、设计单位以及特级、一级房屋建筑工程施工企业应掌握并实现 BIM 与企业管理系统和其他信息技术的一体化集成应用。到 2020 年末,以下新立项项目勘察设计、施工、运营维护中,集成应用 BIM 的项目比率达到 90%:以国有资金投资为主的大中型建筑;申报绿色建筑的公共建筑和绿色生态示范小区。

2016 年 8 月 23 日,中华人民共和国住房和城乡建设部印发《2016—2020 年建筑业信息化发展纲要》,文中提出,全面提高建筑业信息化水平,着力增强 BIM 技术等信息技术集成应用能力,形成一批具有较强信息技术创新能力和信息化应用达到国际先进水平的建筑企业及具有关键自主知识产权的建筑业信息技术企业。

2017 年 2 月 21 日,国务院办公厅印发《关于促进建筑业持续健康发展的意见》,文中提出"加快推进建筑信息模型(BIM)技术在规划、勘察、设计、施工和运营维护全过程的集成应用,实现工程建设项目全生命周期数据共享和信息化管理,为项目方案优化和科学决策提供依据,促进建筑业提质增效"。

2019 年 2 月 15 日,中华人民共和国住房和城乡建设部工程质量安全监管司印发《住房和城乡建设部工程质量安全监管司 2019 年工作要点》,文中提出:稳步推进城市轨道交通工程 BIM 应用指南实施,加强全过程信息化建设;制定城市轨道交通工程创新技术导则,提升城市轨道交通工程质量安全保障水平;推进 BIM 技术集成应用;支持推动 BIM 自主知识产权底层平台软件的研发;组织开展 BIM 工程应用评价指标体系和评价方法研究,进一步推进 BIM 技术在设计、施工和运营维护全过程的集成应用。

2019 年 3 月 15 日,中华人民共和国国家发展和改革委员会、中华人民共和国住房和城乡建设部印发《关于推进全过程工程咨询服务发展的指导意见》,文中提出"大力开发和利用建筑信息模型(BIM)、大数据、物联网等现代信息技术和资源,努力提高信息化管理与应用水平,为开展全过程工程咨询业务提供保障"。

2020 年 5 月 8 日,中华人民共和国住房和城乡建设部印发《关于推进建筑垃圾减量化的指导意见》,文中提出"在建设单位主导下,推进建筑信息模型(BIM)等技术在工程设计和施工中的应用,减少设计中的'错漏碰缺',辅助施工现场管理,提高资源利用率"。

2020 年 7 月 3 日,中华人民共和国住房和城乡建设部等十三部门联合印发《关于推动智能建造与建筑工业化协同发展的指导意见》,文中提出:加快推动新一代信息技术与建筑工业化技术协同发展,在建造全过程加大建筑信息模型(BIM)、互联网、物联网、大数据、云计算、移动通信、人工智能、区块链等新技术的集成与创新应用;积极应用自主可控的 BIM 技术,加快构建数字设计基础平台和集成系统,实现设计、工艺、制造协同;加快部品部件生产数字化、智能化升级,推广应用数字化技术、系统集成技术、智能化装备和建筑机器人,实现少人甚至无人工厂;通过融合遥感信息、城市多维地理信息、建筑及地上地下设施的 BIM、城市感知信息等多源信息,探索建立表达和管理城市三维空间全要素的城市信息模型(CIM)基础平台。

2020 年 8 月 28 日,中华人民共和国住房和城乡建设部等部门印发《关于加快新型建筑工业化发展的若干意见》,文中提出:大力推广建筑信息模型(BIM)技术;加快推进 BIM 技术在新型建筑工业化全生命期的一体化集成应用;充分利用社会资源,共同建立、维护基于 BIM 技术的标准化部品部件库,实现设计、采购、生产、建造、交付、运行维护等阶段的信息互联互通和交互共享;试点推进 BIM 报建审批和施工图 BIM 审图模式,推进与城市信息模型(CIM)平台的融通联动,提高信息化监管能力,提高建筑行业全产业链资源配置效率。

2020 年 12 月 18 日,中华人民共和国住房和城乡建设部等部门印发《关于加快培育新时代建筑产业工人队伍的指导意见》,文中提出"探索开展智能建造相关培训,加大对装配式建筑、建筑信息模型(BIM)等新兴职业(工种)建筑工人培养,增加高技能人才供给"。

2021 年 6 月 3 日,中华人民共和国人力资源和社会保障部印发《关于〈建筑信息模型技术员国家职业技能标准(征求意见稿)〉等 4 个职业技能标准公开征求意见的通知》,文中提出 BIM 相关职业的定义、职业技能等级划分等。

2021 年 10 月 10 日,中共中央、国务院印发《国家标准化发展纲要》,文中提出"推动智能建造标准化,完善建筑信息模型技术、施工现场监控等标准。开展城市标准化行动,健全智慧城市标准,推进城市可持续发展"。

2021 年 10 月 22 日,中华人民共和国住房和城乡建设部、中华人民共和国应急管理部印发《关于加强超高层建筑规划建设管理的通知》,文中提出"具备条件的,超高层建筑业主或其委托的管理单位应充分利用超高层建筑信息模型(BIM),完善运行维护平台,与城市信息模型(CIM)基础平台加强对接"。

2022 年 5 月 24 日,中华人民共和国住房和城乡建设部办公厅印发《关于征集遴选智能建造试点城市的通知》,文中提出"搭建建筑业数字化监管平台,探索建筑信息模型(BIM)报建审批和 BIM 审图,完善工程建设数字化成果交付、审查和存档管理体系,支撑对接城市信息模型(CIM)基础平台,探索大数据辅助决策和监管机制,建立健全与智能建造相适应的建筑市场和工程质量安全监管模式"。

2)江苏省 BIM 推进政策

2014 年 10 月 31 日,江苏省人民政府印发《关于加快推进建筑产业现代化促进建筑产业转型升级的意见》，文中提出"深入推进建筑产业和行业企业信息化应用示范工程，充分应用现代信息技术提升研发设计、开发经营、生产施工和管理维护水平。加快推广信息技术领域最新成果，鼓励企业加大建筑信息模型(BIM)技术、智能化技术、虚拟仿真技术、信息系统等信息技术的研发、应用和推广力度，实现设计数字化、生产自动化、管理网络化、运营智能化、商务电子化、服务定制化及全流程集成创新，全面提高建筑行业企业运营效率和管理能力"。

2017 年 10 月 26 日，江苏省住房和城乡建设厅印发《江苏建造 2025 行动纲要》，文中提出："到 2020 年，BIM 技术在大中型项目应用占比 30％，初步推广基于 BIM 的项目管理信息系统应用；60％以上的甲级资质设计企业实现 BIM 技术应用，部分企业实现基于 BIM 的协同设计；初步建立工程主要材料和工程质量追溯体系，部品部件生产企业在建立产品信息数据库的基础上，初步实现产品信息标识，逐步推广智能化生产；50％的大型项目实现自动化监控；开展'数字工地'创建；逐步推广工程建造全过程的数字交付。"

"到 2025 年，BIM 技术在大中型项目应用占比 70％，基于 BIM 的项目管理信息系统得到普遍应用，设计企业基本实现 BIM 技术应用，普及基于 BIM 的协同设计；全面建立工程主要材料和工程质量追溯体系，部品部件生产企业全面推广智能化生产；大型项目基本实现自动化监控和预警；50％以上的在建项目实现'数字工地'；基本实现工程建造全过程的数字交付。"

该行动纲要在数字建造推动行动方面提出：提高 BIM 技术的应用水平。研究建立基于BIM 的协同设计平台和工作模式，根据工程项目的实际需求和应用条件确定不同阶段的工作内容，积累和构建各专业族库。建立基于 BIM 应用的施工管理模式和协同工作机制，逐步实现施工阶段的 BIM 集成应用，普及基于 BIM 的三维可视化施工管理方式，强化 BIM技术在施工过程中后台指导前台的作用，通过在项目管理信息系统嵌入移动通信和射频等技术，提升施工管理水平；完善基于 BIM 技术的数据交换标准，为建筑产品的运行、监控、更换、维修等方面提供数据支撑，提高运维管理水平。推进数字工地建设。促进施工现场中BIM、大数据、物联网、智能机器人、智能穿戴设备、手持智能终端设备、智能监测设备、移动互联设备等技术和设备的推广应用，通过项目管理信息系统对相关工程数据进行实时传递和共享，实现施工现场与项目管理信息系统的远程控制、联动管理和互联互通。

鼓励有条件的企业加大信息化基础设施建设投入，以 BIM 和物联网技术为核心，打造大数据平台，实现对建筑产品全生命周期的管理和运维。

结合国际和国家相关标准，加快构建符合全省实际的数字建造标准体系，重点研究编制 BIM 技术在项目审批、工程实施、竣工交付到后期运维等全生命期各应用环节的技术标准和应用指南；制定满足数字建造相关技术应用的招标示范文件、合同示范文本和技术费用标准，为数字建造技术推广应用和信息资源共享奠定基础，形成满足数字建造技术应用的标准规范体系。

2017 年 11 月 24 日，江苏省人民政府印发《江苏省人民政府关于促进建筑业改革发展的意见》，文中提出"加快推进建筑信息模型(BIM)技术在规划、勘察、设计、施工和运营维护全过程的集成应用，实现工程建设项目全生命周期数据共享和信息化管理，为项目方案优化和科学决策提供依据，促进建筑业提质增效。制定我省推进 BIM 技术应用指导意见，建立 BIM 技术推广应用长效机制。加快编制 BIM 技术审批、交付、验收、评价等技术标准,完善技术标准体系。制定 BIM 技术服务费用标准,并在 3 年内作为不可竞争费用计入工程总投资和工程造价。选择一批代表性项目进行 BIM 技术应用试点示范,形成可推广的经验和方法。推广数字建造中传感器、物联网、动态监控等关键技术使用,推进数字建造标准和技术体系建设。至 2020 年,全省建筑、市政甲级设计单位以及一级以上施工企业掌握并实施 BIM 技术一体化集成应用,以国有资金投资为主的新立项公共建筑、市政工程集成应用 BIM 的比例达 90%。""推动绿色建筑品质提升和高星级绿色建筑规模化发展,探索构建具有江苏特点的绿色建筑评价标识制度,促进装配式建筑、被动式建筑、BIM、智能智慧等技术与绿色建筑深度融合,实施一批被动式建筑项目,推进绿色建筑向深层次发展。"

2018 年 9 月 18 日,江苏省人民政府办公厅发布《智慧江苏建设三年行动计划(2018—2020 年)》,文中提出"加大建筑信息模型(BIM)推广应用,推进传统建造模式向设计三维化、构建部品化、施工装配化、管理信息化、服务定制化转变"。

2020 年 6 月 4 日,江苏省住房和城乡建设厅印发《2020 年全省建筑业工作要点》,文中提出"着力提升 BIM 技术应用项目、高星级绿色建筑、装配式建筑和成品化住房比例"。

2021 年 8 月 16 日,江苏省人民政府办公厅发布《江苏省"十四五"城镇住房发展规划》,文中提出"加大智能建造在工程建设各环节应用,加快推动建筑信息模型(BIM)和新一代信息技术的集成与创新应用,形成涵盖科研、设计、生产加工、施工装配、运营等全产业链融合一体的智能建造产业体系,提升住宅工程质量安全、效益和品质"。

3) 泰州市 BIM 推进政策

2019 年 3 月 29 日,《泰州市人民政府办公室关于印发泰州市推进建筑信息模型技术应用实施意见的通知》提出:结合国家、省标准,加快制定符合本市实际 BIM 技术的应用、数据交换、模型交付、验收归档等地方性导则或者标准。编制满足 BIM 技术应用的招标文件和合同示范文本。指导相关行业协会制定 BIM 技术应用服务和收费参考标准。推进研究建立符合装配式建筑设计施工要求的 BIM 技术应用体系,建立标准构件模型族库,提升装配式建筑发展水平。根据《江苏省人民政府政府关于促进建筑业改革发展的意见》(苏政发〔2017〕151 号)的规定,将 BIM 技术服务费用在 3 年内作为不可竞争费用计入工程总投资和工程造价。

提升工程总承包和勘察、设计、施工、咨询服务、物业管理、运营维护等企业 BIM 技术应用能力。引导企业从单项 BIM 专业应用逐步过渡到多专业、多阶段的集成应用和全生命期的全面应用。支持 BIM 应用软件与平台开发,定期公布 BIM 咨询服务机构名录。支持大专院校和社会机构开展多层次的 BIM 技术应用教育培训,提高专业人才的数量和能力。

转变政府监管方式,探索建立基于 BIM 技术应用的项目设计、招投标、施工图审查、施工许可、工程质量监管、安全监督、竣工验收、审计和工程档案管理、物业服务承接查验等环节的监管模式;编制基于 BIM 技术的报审、报验标准,建立设计成果数字化交付、审查及存档系统,构建与 BIM 应用相适应的工程建设管理平台,简化工作流程,提高行政效能。

以 BIM 技术为核心,以建模软件和 BIM 应用平台为工具,以物联网和地理信息系统(GIS)为基础,以模型信息的创建、传递、使用为基本内容,运用大数据和云计算技术,探索建立基于 BIM 应用的建设工程全生命期大数据中心,提高建筑信息共享和建设工程管理水平,并逐步与工程建设其他信息平台整合。加强对现有数据的整理和挖掘,逐步将现有二维的工程档案转化成 BIM 档案,实现数据集成和共享。

2022 年 12 月 8 日,《泰州市人民政府办公室关于印发泰州市数字城乡专项行动实施方案的通知》提出:以 BIM、GIS、物联网、大数据等技术为基础,采用"智慧城市中台"理念,建设包括能力中台、数据中台、业务中台在内的泰州市城市信息模型(CIM)基础平台,提供多源异构数据的汇聚与管理、三维可视化表达,以及从建筑单体、社区到城市级别的空间分析和模拟仿真等能力,构建泰州市城市三维数字底座。推动数字城市和物理城市同步规划与建设,充分发挥 CIM 平台的基础支撑作用,在城市体检、智能建造、智慧市政、智慧社区、城市综合管理、智慧交通等领域深化应用。到 2023 年底,初步建成 CIM 基础平台,实现空间、感知、业务数据融合,在规划、建设、管理、运营各个环节发挥支撑作用,增强城乡治理灵敏感知、快速分析、迅捷处置能力。

基于 CIM 基础平台的规划一体化管理,以城市现状、国土空间规划、城市设计、规划方案设计等业务流程为主线,汇聚我市基础地理信息数据、规划成果数据、城市设计模型数据、BIM 数据、倾斜摄影数据等,分层级展示泰州规划成果,将现状数据与规划数据进行分类、分图层查看,实现业务数据即时更新和实时共享,精准布局空间规划,优化资源高效配置。到 2023 年底,基本完成现状、规划、管理、社会经济数据的整合汇聚,建设三维立体自然资源"一张图",形成统一标准、统一管理和统一服务的自然资源数据共享服务平台,探索研究与 CIM 平台双向数据安全共享机制。

1.2.3　BIM 相关标准

1) 国家级 BIM 相关标准

2017 年 7 月 1 日起实施《建筑信息模型应用统一标准》(GB/T 51212—2016),主要技术内容为"总则、术语和缩略语、基本规定、模型结构与扩展、数据互用和模型应用",适用于建设工程全生命期内建筑信息模型的创建使用和管理。

2018 年 1 月 1 日起实施《建筑信息模型施工应用标准》(GB/T 51235—2017),主要技术内容为"总则、术语、基本规定、施工模型、深化设计、施工模拟、预制加工、进度管理、预算与成本管理、质量与安全管理、施工监理和竣工验收",适用于施工阶段建筑信息模型的创建、使用和管理。

2018 年 5 月 1 日起实施《建筑信息模型分类和编码标准》(GB/T 51269—2017),主要技术内容为"总则、术语、基本规定和应用方法",适用于民用建筑及通用工业厂房建筑信息模型中信息的分类和编码。

2019 年 6 月 1 日起实施《建筑信息模型设计交付标准》(GB/T 51301—2018),适用于建筑工程设计中应用建筑信息模型建立和交付设计信息,以及各参与方之间和参与方内部信息传递的过程。

2019 年 10 月 1 日起实施《制造工业工程设计信息模型应用标准》(GB/T 51362—2019),主要技术内容为"总则、术语与代号、模型分类、工程设计特征信息、模型设计深度、模型成品交付和数据安全等",适用于制造工业新建、扩建、改建、技术改造和拆除工程项目中的设计信息模型应用。

2022年2月1日起实施《建筑信息模型存储标准》(GB/T 51447—2021),主要技术内容为"总则、术语与缩略语、基本数据框架、核心层数据模式、共享层数据模式、专业领域层数据模式、资源层数据模式和数据存储与交换",适用于建筑工程全生命期各个阶段的建筑信息模型数据的存储,并适用于建筑信息模型应用软件输入和输出数据通用格式及一致性的验证。

2)江苏省BIM相关标准

2016年12月1日起实施《江苏省民用建筑信息模型设计应用标准》(DGJ32/TJ 210—2016),主要技术内容为"总则、术语、基本规定、模型创建、设计协同、模型应用、设计交付和资源建设",适用于江苏省新建、改建、扩建的民用建筑全生命期设计阶段建筑信息模型的创建与应用,并为后续阶段提供必要的基础模型。

2019年1月30日起实施《公路工程信息模型分类和编码规则》(DB32/T 3503—2019),主要技术内容为"范围、规范性引用文件、术语和定义、基本要求和应用方法",适用于公路工程全生命期各阶段信息模型的分类和编码。

2020年8月14日起实施《水利工程建筑信息模型设计规范》(DB32/T 3841—2020),主要技术内容为"范围、规范性引用文件、术语和定义、一般规定、模型创建、协同、模型应用和设计交付",适用于水闸、泵站、河(渠)道、堤防等水利工程建筑信息模型设计,船闸、码头、桥梁等其他涉水工程可参照该规范。

2020年11月13日起实施《水泥工厂数字化设计指南》(DB32/T 3875—2020),主要技术内容为"范围、规范性引用文件、术语和定义、数字化编码规则、数字化工厂设计总体要求、工艺数字化设计、设备数字化设计、电气自动化数字化设计、视频监控及识别数字化设计、公用专业数字化设计、余热发电数字化设计和石灰石矿山专业数字化设计",适用于水泥工厂的数字化设计。

2021年5月1日起实施《工程勘察设计数字化交付标准》(DB32/T 3918—2020),主要技术内容为"范围、规范性引用文件、总则、术语、基本规定、交付基础、交付格式、交付流程、交付内容和交付平台",适用于江苏省各类工程勘察设计的数字化成果交付。

2022年3月1日起实施《施工图设计文件数字化审查标准》(DB32/T 4114—2021),主要技术内容为"范围、规范性引用文件、术语和定义、基本规定、数字化审查系统建设、数字化审查数据标准和数字化审查流程",适用于江苏省房屋建筑和市政基础设施工程施工图设计文件数字化审查工作。

2022年8月19日起实施《不动产三维模型与电子证照规范》(DB32/T 4314—2022),主要技术内容为"范围、规范性引用文件、术语和定义、缩略语、不动产三维模型总体要求、三维概念模型、数据存储、电子证照照面、电子证照文件、电子证照数据库、电子证照接口规范和电子证照安全要求",适用于新建立的不动产三维模型、新颁发的不动产登记电子证照和二三维一体化的不动产登记电子证照,已颁发的不动产登记电子证照正常使用,已建成的不动产登记电子证照系统须按照本文件要求进行系统升级。

3)泰州市BIM相关导则

2021年8月1日起实施《泰州市建筑工程竣工信息模型交付技术导则》,主要技术内容为"总则、术语、基本规定、交付内容和交付规定",适用于建筑工程竣工阶段中建筑信息模型的信息建立、传递和使用,包括项目参与方内部各阶段之间的协同和项目参与各方之间的协作。

2021 年 8 月 1 日起实施《泰州市建筑工程设计信息模型交付技术导则》,主要技术内容为"总则、术语、基本规定、建模原则、应用内容和交付规定",适用于建筑工程设计阶段中建筑信息模型的信息建立、传递和使用,包括项目参与方内部各阶段之间的协同和项目参与各方之间的协作。

2021 年 8 月 1 日起实施《泰州市建筑信息模型(BIM)技术应用导则》,主要技术内容为"总则、术语、基本规定、实施管理、规划阶段、设计阶段、施工阶段、运维阶段和成果交付",适用于泰州市范围内新建、改建、扩建等建筑工程项目建筑信息模型技术的应用。

2022 年 1 月 1 日起实施《泰州市建筑信息模型(BIM)技术服务计费参考标准》,主要技术内容为"总则、术语、基本规定和计费标准",适用于泰州市新建工业、民用建筑和市政基础设施工程,其他类型工程可参照该标准执行。

1.3 BIM 主要特性

BIM 的特性主要被定义为可视化、一体化、参数化、仿真性、协调性、优化性、可出图性和信息完备性。各个特性既独立存在又相互关联,一般同一个 BIM 应用场景可涉及多个 BIM 特性。

1.3.1 可视化

可视化即可以将拟建建筑以三维的立体形式展示在相关人员面前,实现"所见即所得"。不需要查看人员具备空间想象能力,即可全方位了解设计意图。而且建筑的全生命期所涉及的沟通、协作和决策等工作均可在可视化状态下开展。

1.3.2 一体化

一体化指 BIM 可作为一个基于三维模型所集成的数据库,能够贯穿应用于建筑的设计、施工和运维等全生命期。

1.3.3 参数化

参数化指通过参数即可驱动模型的建立和修改,基于参数化模型中的各类约束关系,可以实现各个视图表达信息的联动,以便正确表达设计意图。

1.3.4 仿真性

仿真性即基于 BIM 进行实况模拟,从而实现在设计阶段进行日照模拟、紧急疏散模拟等模拟实验,在施工阶段根据施工方案或施工组织设计进行局部或整体的施工模拟等,从而辅助决策层判断原定方案的优劣。

1.3.5　协调性

协调性指工程项目各参与方基于 BIM 可在拟建工程相关工作开始前对各专业间的各类碰撞问题进行组织协调,包括但不限于设计协调、施工进度协调、运维管理协调等。

1.3.6　优化性

优化性即基于 BIM 所提供的数据信息,辅助相关人员对设计、施工等各阶段的成本、进度、质量、工艺等进行优化。

1.3.7　可出图性

可出图性即可以输出建筑平面、立面、剖面等详图,还可以输出碰撞报告等信息。

1.3.8　信息完备性

信息完备性指基于 BIM 可在三维模型的基础上集成设计信息、施工信息和运维信息等完整的工程信息。

1.4　BIM 全过程应用

BIM 作为一项技术,其所能应用的场景和所发挥的价值取决于 BIM 本身的特性、BIM 工作人员的业务水平、工作需求和参与各方的配合程度等。据此,在建设工程的全生命期可开展的场景应用繁多,为便于展示,特针对建设工程的各个阶段分别选取部分具有代表性的应用场景进行简要介绍。

1.4.1　规划阶段

1)项目选址规划

使用 BIM 软件搭建三维场地模型,利用 BIM 技术的可视化及模拟性,分析建设项目场地的主要影响因素,为建设项目选址规划提供有效、准确的数据支撑,保证评估结果的合法性、合理性和安全性。

2)工程地质勘察

通过 BIM 软件进行地质数据可视化处理,熟悉场地的地质条件。同时与建设项目场地模型融合,分析与建筑物之间的相互影响,为后续勘察设计提供一定的依据。

3)概念模型构建

在建设项目场地模型的基础上,建立建设项目概念模型。分析判断建设项目与周边城市空间、群体建筑各单体间的适宜性等,提出设计立意、方案构思设想及创意表达形式的初步解决方法。并运用软件进行初步的日照及阴影分析、通风模拟分析、能耗物理分析等。

4)建设条件分析

查看建设项目场地模型及概念模型中的数据信息,实时统计各项技术经济指标,如建筑占地、建筑密度、绿地率等。分析建设项目现状条件,形成项目规划报告,为项目进一步设计提供依据。

1.4.2 设计阶段

1)建筑场地分析

通过 BIM 软件,建立场地分析模型。运用各类分析软件,对建筑场地的主要影响因素进行数据分析,形成可视化的模拟分析数据,作为评估设计方案可行性的依据。

2)建筑性能模拟

通过 BIM 软件,建立模型,运用专业的性能分析软件,如流体力学模拟分析软件、能耗模拟分析软件等,对建筑物的通风、采光、能耗排放、人员疏散等进行模拟分析,以提高建筑的性能、质量、安全和合理性。

3)设计方案比选

通过 BIM 软件,建立多个设计方案模型,充分运用三维模型的可视化优势,实现建设项目设计方案决策的直观性、高效性。经过各参建方沟通、讨论、比选,最终确定最佳的设计方案。

4)各专业模型建立

在 BIM 软件中对方案设计阶段的建筑、结构专业模型进一步细化,完善建筑、结构设计方案。同时完成机电专业部分模型的创建,协调优化机房等管线密集位置,为施工图设计奠定基础。

5)面积明细表统计

在 BIM 软件中提取模型的建筑房间面积信息,利用软件的参数化和计算能力快速、精确统计各项常用面积指标。并在模型修改过程中,实时关联输出面积信息,以辅助设计人员对各项面积指标进行有效控制。

6)初步设计图纸输出

通过 BIM 软件,以初步设计模型为基础,依据相关要求生成初步设计图纸。

7)施工模型创建

在各专业的初步设计模型上进行深化设计,使其能满足现场施工需要。

8)竖向净空优化

基于各专业施工图模型,对建筑物的竖向高度进行分析,优化各专业构件的空间排布,提供最优的净高优化调整方案。

9）虚拟仿真漫游

利用 BIM 技术的可视化特性，模拟建筑物的三维空间，通过漫游、动画的形式提供身临其境的视觉、空间感受，及时发现不易察觉的设计缺陷或问题，减少由于事先规划不周全而造成的损失。

10）二维制图表达

对三维模型进行优化处理后，在模型的基础上完善专业信息注释，并针对复杂节点出具节点大样详图等，减少二维设计的平、立、剖之间的不一致问题，并依据相关要求生成设计交付模型和施工图纸。

1.4.3 施工阶段

1）施工场地策划

结合施工进度，对施工场地进行可视化规划布置，测算不同阶段的场地空间，实现现场布置的科学动态管控。

2）图纸模型会审

基于 BIM 的图纸会审解决图纸审查过程中空间层面的不足，通过碰撞检查的方式直观地发现各专业图纸间的碰撞问题。

3）施工模型深化

通过对各专业模型进行碰撞检测，及时找出施工图纸中存在的"错、漏、碰、缺"问题，避免将设计阶段的不合理问题传递至施工阶段。

4）三维可视应用

运用相关 BIM 软件，生成多个施工方案的不同模型，同时充分运用 BIM 技术三维可视化功能，通过直观分析比选得到最佳方案。

5）施工进度控制

将时间信息与施工图模型相关联，模拟施工进度安排，并与现场实际进度对比分析，以便对项目进度进行合理的控制与优化，保证对现场施工进度的有效把控。

6）质量安全控制

通过施工图模型结合施工现场管理平台进行综合应用，对施工现场进行实时监控，提高质量、安全检查的高效性与准确性，进而实现项目质量、安全可控的应用目标。

7）施工成本控制

利用 BIM 技术，对项目进度、成本、质量等相关信息数据进行集成管理，从而实现施工成本控制的高效性与准确性，避免了人力、物力、财力的浪费，提升建设工程项目的经济效益。

8）设计变更管理

依据设计变更文件，调整施工图模型，并将变更信息记录至施工图模型。同时将变更前后的模型进行对比,以便进行精细化管控。

9)竣工模型构建

在建筑项目竣工验收前,依据相关要求调整施工图模型,形成竣工模型。

1.4.4 运维阶段

1)运维方案策划

由运维管理单位为主导,咨询单位参与,依据运维需求调研表等文件共同进行运维方案的策划,以此作为指导后期运维的纲领性文件。

2)运维平台搭建

通过运维平台的搭建,使其既满足短期的管理需求,又能支持中远期的规划要求。

3)运维模型创建

通过对竣工模型的处理优化,生成运维模型,使其数据信息可被运维平台正常接收,并满足后期运维管理需求。

4)运营维护管理

基于运维平台可为管理人员提供详细的数字化空间信息,将建筑信息与具体的空间相关信息协同,并进行动态数据信息监控,提高空间利用率。

5)运维平台维护

通过对运维平台的维护,保证运维平台长期、稳定的运行。

1.5 BIM 相关岗位

1.5.1 建筑信息模型技术员

1)职业概况

建筑信息模型技术员是指利用计算机软件进行工程实践过程中的模拟建造,以改进其全过程中工程工序的技术人员。要求人员具有一定的逻辑思维和计算能力,具有一定的学习、沟通、分析和解决问题的能力。共分为五个等级,分别为:五级/初级工、四级/中级工、三级/高级工、二级/技师、一级/高级技师。其中,五级/初级工、四级/中级工、一级/高级技师不分方向,三级/高级工、二级/技师分为建筑工程、机电工程、装饰装修工程、市政工程、公路工程、铁路工程六个方向。

2)申报条件

(1)取得五级培训学时证明(40 标准学时),并具备以下条件之一者,可申报五级/初级工:

① 本职业学徒期满。

② 具有中等职业学校本专业或相关专业[中等职业学校相关专业:建筑学、建筑施工、土木工程、工业与民用建筑、给排水、工程管理、建筑工程(管理)、建筑经济管理、工程监理、工程造价、建筑工程预决算、公路与城市道路工程、交通土建工程、道路交通工程、道路(工程)、桥梁(工程)、隧道(工程)、机场建设、地下工程、城市地下空间工程、工业与民用建筑工程、建筑环境与设备工程、房屋建筑工程、建筑设计(技术)、城镇建设、建筑工程技术、建筑施工技术、水利水电建筑工程、建设工程管理、建筑装饰工程技术、室内设计技术、中国古建筑工程技术、历史建筑保护工程、环境艺术设计、园林工程(技术)、基础工程技术、建筑设备工程技术、建筑电气工程技术、市政工程(技术)、给排水工程(技术)、消防工程(技术)、空调工程、(城市)燃气工程、供热工程、公路施工与养护、桥梁施工与养护、铁路施工与养护等]毕业证书(含尚未取得毕业证书的在校应届毕业生),或具有经评估论证、以中级技能为培养目标的中等及以上职业学校本专业或相关专业毕业证书(含尚未取得毕业证书的在校应届毕业生)。

③ 具有大专及以上本专业或相关专业(大专及以上相关专业:建筑学、城乡规划、风景园林、环境设计、土木工程、交通工程、工程管理、岩土工程、公路隧道工程、桥梁与隧道工程、道路与铁道工程、勘查技术与工程、城市地下空间工程、建筑电气与智能化、楼宇智能化工程、给排水科学与工程、公路工程、公路工程管理、工程造价等)毕业证书,累计从事本职业或相关专业工作1年(含)以上。

(2) 取得四级培训学时证明(60 标准学时),并具备以下条件之一者,可申报四级/中级工:

① 取得本职业五级/初级工职业资格证书后,累计从事本职业或相关专业工作1年(含)以上。

② 具有中等职业学校本专业或相关专业毕业证书,或具有经评估论证、以中级技能为培养目标的中等及以上职业学校本专业或相关专业毕业证书,累计从事本职业或相关专业工作3年(含)以上,并取得本职业五级/初级工职业资格证书。

③ 具有大专及以上本专业或相关专业毕业证书,累计从事本职业或相关专业工作2年(含)以上,并取得本职业五级/初级工职业资格证书。

(3) 取得三级培训学时证明,并具备以下条件之一者,可申报三级/高级工。

① 取得本职业四级/中级工职业资格证书后,累计从事本职业工作1年(含)以上。

② 具有中等职业学校本专业或相关专业毕业证书,或具有经评估论证、以中级技能为培养目标的中等及以上职业学校本专业或相关专业毕业证书,累计从事本职业或相关专业工作4年(含)以上,并取得本职业四级/中级工职业资格证书。

③ 具有大专及以上本专业或相关专业毕业证书,累计从事本职业或相关专业工作3年(含)以上,并取得本职业四级/中级工职业资格证书。

(4) 取得二级培训学时证明,并具备以下条件之一者,可申报二级/技师。

① 取得本职业三级/高级工职业资格证书后,累计从事本职业工作1年(含)以上。

② 具有中等职业学校本专业或相关专业毕业证书,或具有经评估论证、以中级技能为培养目标的中等及以上职业学校本专业或相关专业毕业证书,累计从事本职业或相关专业工作5年(含)以上,并取得本职业三级/高级工职业资格证书。

③ 具有大专及以上本专业或相关专业毕业证书,累计从事本职业或相关专业工作 4 年(含)以上,并取得本职业三级/高级工职业资格证书。

(5)取得一级培训学时证明,并具备以下条件之一者,可申报一级/高级技师:

① 取得本职业二级/技师职业资格证书后,累计从事本职业工作 2 年(含)以上。

② 具有中等职业学校本专业或相关专业毕业证书,或具有经评估论证、以中级技能为培养目标的中等及以上职业学校本专业或相关专业毕业证书,累计从事本职业或相关专业工作 6 年(含)以上,并取得本职业二级/技师职业资格证书。

③ 具有大专及以上本专业或相关专业毕业证书,累计从事本职业或相关专业 5 年(含)以上,并取得本职业二级/技师职业资格证。

3) 鉴定方式

(1) 采用理论知识考试、技能考核以及综合评审的方法和形式进行考核。

(2) 理论知识考试以机考方式为主,主要考核从业人员从事本职业应掌握的基本要求和相关知识要求;技能考核主要采用现场操作方式进行,主要考核从业人员从事本职业应具备的技能水平;综合评审主要针对高级技师,通常采取审阅申报材料、答辩等方式进行全面评议和审查。

(3) 理论知识考试、技能考核和综合评审均实行百分制,成绩皆达 60 分(含)以上者为合格。

4) 鉴定时间

理论知识考核时间不少于 120 min;技能考核时间不少于 180 min。

5) 职业道德要求

(1) 遵纪守法,爱岗敬业。

(2) 诚实守信,认真严谨。

(3) 尊重科学,精益求精。

(4) 团结合作,勇于创新。

(5) 终身学习,奉献社会。

6) 基础知识要求

(1) 制图基本知识,例如制图国家标准,正投影、轴测投影、透视投影的相关知识及形体表示方法,以及工程图识读方法。

(2) 建筑信息模型基础知识,例如建筑信息模型概念及应用现状,建筑信息模型特点、作用和价值,建筑信息模型应用软硬件及分类,项目各阶段建筑信息模型应用,以及建筑信息模型应用工作组织与流程。

(3) 相关法律法规知识,例如《中华人民共和国劳动法》相关知识,《中华人民共和国劳动合同法》相关知识,《中华人民共和国建筑法》相关知识,《中华人民共和国招标投标法》相关知识,以及《中华人民共和国民法典》相关知识。

7) 主要工作内容

虽然不同级别的建筑信息模型技术员存在部分工作内容相同的情况,但具体的技能要求不尽相同。

(1)五级/初级工工作内容如下：

① 建模环境设置；

② 建模准备；

③ 模型浏览；

④ 模型编辑；

⑤ 标注；

⑥ 标记；

⑦ 资料管理；

⑧ 模型管理；

⑨ 进度管理；

⑩ 成本管理；

⑪ 质量管理；

⑫ 安全管理；

⑬ 模型保存。

(2) 四级/中级工工作内容如下：

① 建模环境设置；

② 建模准备；

③ 创建基准图元；

④ 创建实体构件图元；

⑤ 模型浏览；

⑥ 模型编辑；

⑦ 标注；

⑧ 标记；

⑨ 创建视图；

⑩ 模型保存；

⑪ 效果展现。

(3)三级/高级工工作内容如下：

① 建模环境设置；

② 建模准备；

③ 创建基准图元；

④ 创建实体构件图元；

⑤ 创建自定义参数化图元；

⑥ 模型更新；

⑦ 模型协同；

⑧ 标注；

⑨ 标记；

⑩ 创建视图；

⑪ 模型保存；

⑫ 图纸创建；

⑬ 效果展现；

⑭ 文档输出；

⑮ 培训；

⑯ 指导。

（4）二级/技师工作内容如下：

① 建模环境设置；

② 建模准备；

③ 创建自定义参数化图元；

④ 模型编辑；

⑤ 模型更新；

⑥ 模型协同；

⑦ 设计阶段应用；

⑧ 施工阶段应用；

⑨ 运维阶段应用；

⑩ 效果展现；

⑪ 文档输出；

⑫ 培训；

⑬ 指导。

（5）一级/高级技师工作内容如下：

① 设计阶段应用；

② 施工阶段应用；

③ 运维阶段应用；

④ 平台管理；

⑤ 平台应用；

⑥ 需求调研分析；

⑦ 实施方案策划；

⑧ 效果展现；

⑨ 文档输出；

⑩ 培训；

⑪ 指导。

1.5.2　其他 BIM 相关岗位

1）公司 BIM 主管

（1）制定 BIM 管理制度；

（2）编制企业 BIM 实施标准；

（3）组织重点 BIM 应用攻关与课题研发；

（4）BIM 实施检查与考核；

（5）培养高层次 BIM 人才；

（6）BIM 前沿技术引进和推广；

（7）组建项目 BIM 团队；

（8）管理项目 BIM 实施过程；

（9）BIM 应用实施及研发数据收集与反馈；

（10）为项目 BIM 团队提供技术支持。

2）BIM 项目经理

（1）制定项目 BIM 实施应用计划；

（2）组建并管理项目 BIM 团队；

（3）明确项目各类 BIM 标准及工作规范；

（4）负责对 BIM 项目进度的管理与监控；

（5）负责各专业的协调工作；

（6）负责管理 BIM 交付成果的质量；

（7）负责管理对外数据接收或交付。

3）土建、机电 BIM 工程师

（1）落实项目 BIM 实施应用计划；

（2）依据 BIM 标准、规范开展各自专业 BIM 工作；

（3）进行碰撞检测并协商、解决、记录；

（4）负责落实 BIM 交付成果的质量；

（5）负责落实对外数据接收或交付；

（6）负责对项目开展 BIM 技术的相关基础培训、指导；

（7）负责协助解决项目应用 BIM 过程中的问题。

1.6 BIM 建模教学

1.6.1 建模环境设置

模型的创建顺序遵循：收集项目信息→建立模型坐标系→设定建模标准→确定协作流程→数据导入与整合→模型构建顺序→Revit 软件界面概述。

1）收集项目信息

在建立建模环境之前，需要收集项目的相关信息，包括项目需求、约束条件和现有数据。这些信息对于后续的环境设置和模型建立具有指导作用。

（1）收集项目需求和约束。了解项目的功能要求、设计标准、建筑法规等，确定项目的特殊需求和约束条件，以便在建模环境设置中进行考虑。

（2）收集现有文件和数据。收集已有的设计图纸、CAD 文件、GIS 数据等现有数据，为后续的数据导入和整合做准备。

2）建立模型坐标系

建立准确的模型坐标系是建模环境设置的重要步骤之一，它决定了模型的位置和几何信息的准确性。

（1）坐标系的选择与确定。根据项目的需求和约束选择适当的坐标系，如本地坐标系、全球坐标系等，并确定坐标系的基准点和方向。

（2）坐标系的设置与校准。在建模软件中设置建模坐标系，并进行坐标系的校准和验证，确保模型的准确性和一致性。

3）设定建模标准

建模标准是指对建模元素的分类、命名规范、几何形状、参数定义等方面的规定，它对于模型的一致性和可交换性具有重要作用。

（1）建模元素的分类与命名规范。确定建模元素的分类体系，如墙体、楼板、门窗等，为建模元素的命名和管理提供基础。

（2）建模几何与参数设置。定义建模元素的几何形状和参数属性，如尺寸、材质、构造等，确保模型的可视化和信息化。

4）确定协作流程

建立有效的协作流程是建模环境设置的关键步骤之一，涉及协作平台的选择、配置和协作标准的制定：

（1）协作平台的选择与配置。选择适合项目需求的 BIM 协作平台，并进行相应的配置和设置，确保团队成员之间的数据交换和协作效率。

（2）协作标准与规范的制定。制定协作标准和规范，包括模型版本控制、数据交换格式、协作权限管理等，为团队的协同工作提供规范指导。

5）数据导入与整合

将已有的项目数据和文件导入建模环境中，并进行数据的整合和清理，确保模型的完整性和准确性。

（1）导入现有数据与图纸。将现有的设计图纸、CAD 文件等导入建模软件中，并与模型进行关联和整合。

（2）数据整合与清理。对导入的数据进行整合和清理，解决冲突和错误，确保模型数据的一致性和可用性。

6）模型构建顺序

在 Revit 中创建模型遵循的基本流程：样板选用→默认视图创建→图纸导入。

（1）样板选用。建筑样板已包含基本的设置，包含必要的族、材质设置、字体线型符号设置、视图设置等。此处需要注意的地方是规程，建筑选择不同的规程，显示的样式会有所不同。

（2）默认视图的创建。平面图创建：复制默认平面视图，楼层结构平面图，带细节复制重命名(一层建筑平面图)。作用:保留最原始基本的视图,方便查看。

(3) 图纸导入。CAD 图纸导入项目的步骤:

① CAD 图纸处理,导出块(WB);

② 图纸命名(建议按照:项目名称—专业—楼号—楼层—时间);

③ 图纸导入:插入—导入 CAD—对应图纸—单位(毫米);

④ 偏移的图纸移动至"项目基点";

⑤ 移动(MV,选择对应的点)至对应位置后锁定。

7) Revit 软件界面概述

Revit 软件界面主要分为:应用程序菜单、功能区、快速访问工具栏、选项栏、项目浏览器、属性面板、绘图区域及视图控制栏。

(1) 应用程序菜单

① 在建模环境设置中,应用程序菜单中提供的与选定对象或当前动作相关的工具为功能区上的选项卡。

② 在建模环境设置中,低版本 Revit 应用程序菜单中用户界面图形选项卡取消勾选反转背景颜色,背景颜色将由黑色转变为白色;高版本 Revit 可以自由定义背景颜色。

(2) 功能区

功能区在创建或打开文件时自动显示,并提供创建文件时所需要的全部工具,通过拖拽等方式,自定义功能区排列顺序,也可以最小化功能区,从而最大程度地使用绘图区域。Revit 功能区选项卡包含建筑、结构、系统、插入、注释、分析、体量和场地、协作、视图、管理、附加模块和修改内容,每个选项卡包含不同功能,部分功能(例如结构墙、柱)既出现在建筑选项卡中,也出现在结构选项卡中,但梁、桁架、基础、钢筋等结构构件只存在于结构选项卡,不在建筑选项卡出现。

当需要进行项目设置或项目单位更改等,需要用功能区中管理选项卡进行操作。在没有选择任何图元时,功能区"修改"选项卡中剪贴板复制和粘贴命令不能使用,只有选择图元时才被激活。在功能区中,视图选项卡除了包含用于创建本项目所需要的视图、图纸和明细表外,还包括 Revit 用户界面的开关设置。

(3) 快速访问工具栏

快速访问工具栏主要用于显示常用工具,便于在操作过程中可以更快地找到要使用的命令。用户可以根据习惯自定义设置快速访问工具栏上的命令,如添加一些常用的命令,功能区选项卡所有功能都可以自定义添加到快速访问工具栏。而立面不属于 Revit 默认界面中快速访问工具栏内容。快速访问工具栏中关闭隐藏窗口功能可以帮助快速关闭项目。

(4) 选项栏

选项栏位于功能区下方,其内容根据当前命令或所选图元变化。放置结构柱时,默认的选项栏设置是深度;绘制迹线屋顶时,通过选项栏定义坡度设置即可实现多剖屋面;墙体绘制时,可以不用设置,直接绘制后在属性栏统一修改,可将高度连接到标高 2 开始绘制,如轴线在墙体面层外,可以通过定位线修改;绘制标高轴网时,"约束、多个、复制"是选项栏常用命令。第一次使用选项栏设置参数后,下一次使用会直接采用默认参数。

（5）项目浏览器

项目浏览器用于显示所有视图、明细表、图纸、族、组、链接的 Revit 模型等其他逻辑层次，展开和折叠各分支时显示下一层项目。

若项目浏览器被关闭，可以通过以下"视图—用户界面"功能重新打开，"场地""标高 1""标高 2"属于项目浏览器中楼层平面的默认视图，"楼层平面"、"天花板平面"和"立面"属于项目浏览器中的默认视图，默认项目浏览器不包含门窗、轴网等需要插入的明细表。在项目浏览器的立面视图中复制标高，楼层平面不会自动生成新的平面视图。

（6）属性面板

"属性"面板是一个无模式对话框，通过该对话框，可以查看和修改用来定义 Revit 中图元属性的参数。

墙体绘制时须对墙体构造进行自定义设置，需要在"属性"面板"编辑类型"功能处进行操作；绘制幕墙时需要在墙体"属性"面板"类型选择"功能处进行选择。若"属性"面板被关闭，可以通过以下"视图—用户界面"重新打开。修改类型属性的值会影响该族类型、当前和将来的所有实例值，在 Revit"属性"面板中修改实例属性的值只会影响选择集内的图元或者将要放置的图元。

（7）绘图区域

Revit 的绘图区域显示的是当前项目的视图（以及图纸和明细表），每次打开项目中的某一视图时，默认情况下此视图显示在其他打开的视图之上，其他视图处于打开状态，但是在当前视图的下面。

在二维视图中，绘图区域右上角二维控制盘可以控制图像的平移、缩放等操作，也可以通过鼠标滚轮实现对视图的缩放操作。

在三维视图中，ViewCube 是一个三维导航工具，可指示模型的当前方向，并让用户调整视点。主视图是随模型一同存储的特殊视图，可以方便地返回已知视图或熟悉的视图，用户可以将模型的任何视图定义为主视图。

在绘图区域绘图时，需要切换另一视图，可以通过"项目浏览器—平面视图""快速访问工具栏—切换窗口""视图—切换窗口"对已打开的平面视图进行切换；若要在绘图区域同屏显示项目平面、立面和三维视图，可选择"视图—平铺"功能；在 Revit 中通过绘图区域中的栏杆扶手等命令进行参数化设计时不能直接退出绘图模式。绘图区视图显示样式与视图控制栏区域设置有关，在平面视图绘图区域中的立面标志位置可以随意变动。

（8）视图控制栏

视图控制栏位于 Revit 窗口底部，状态工具栏之上，通过它可以快速访问绘图区域的功能。

视图控制栏显示的详细程度包含粗略、中等、精细。如要在三维视图中显示图元设置的材质，可以通过视图控制栏"视觉样式—精细"命令来实现。在视图控制栏光线追踪视角下，不能进行视图切换视角操作。在视图控制栏自定义当前视图比例后不可以将其应用到该项目其他视图。在视图控制栏对模型进行保存方向和锁定视图后，模型无法进行动态观察。

1.6.2 建筑模型创建

建筑模型创建遵循的基本流程:标高→轴网→墙→门窗→柱→楼板→屋顶→楼梯→其他构件。

1) 标高创建

标高创建是用于定义项目中的不同高度层次和楼层的工具,同时也是生成平面视图的关键命令。标高的创建步骤如下:

(1) 标高命令只有在立面视图或剖面视图中才能选中,所以需要先将视图切换至任意立面或剖面视图。

(2) 视图切换完成后,在"建筑"选项卡中,找到"基准"工具组,点击"标高"命令,打开标高绘制选项卡。

(3) 标高绘制前,需要在属性栏处对标高的属性值进行设置,属性值包括标高的类型、建筑或结构选项等。

(4) 设置完成后在绘图区域中绘制标高。鼠标经过原有标高端点平齐位置时,会自动捕捉,在捕捉点放置标高,可将新的标高与原有标高进行位置锁定,提升绘制效率。

2) 轴网创建

轴网创建用于生成定位和布置建筑构件的参考线,为模型的创建提供统一、准确的位置参考。轴网的创建步骤如下:

(1) 轴网命令在平面视图和立面视图中均可使用,但需要注意的是在立面视图中绘制轴网时,只能绘制同一个方向的轴网,在平面视图中才可绘制完整的轴网。

(2) 选中任意平面视图,在"建筑"选项卡中,找到"基准"工具组,点击"轴网"命令,打开轴网绘制选项卡。

(3) 在弹出的"轴网"绘制选项卡中,选择轴网的绘制形式。轴网的绘制形式包括直线、曲线和拾取线,可以根据实际的需求进行合适的选择。

(4) 根据需求选择绘制的轴网的类型,不同类型的轴网的线型、颜色、轴标都可单独设置。

(5) 在绘制区域中绘制轴网。

① 与标高相同,轴网也会自动捕捉相邻的已有轴网端头进行对齐锁定,锁定的轴网可以统一进行移动。

② 同时新绘制的轴网标号会按照固定顺序进行递增,需要注意的是软件的默认轴标是包括"I"的,在绘制到"I"时需要进行删除修改。

3) 墙创建

墙是用来划分建筑空间并提供结构支撑的主要构件之一。建筑墙起到界定建筑的内外空间,定义房间、走廊和其他房间类型的作用。建筑墙的创建步骤如下:

(1) 在"建筑"选项卡中,选择"墙:建筑"命令。该命令位于"建筑"面板中的"墙"下拉菜单中。

(2) 在弹出的墙创建对话框中,选择墙体的绘制形式。墙体的绘制形式越丰富,在绘制时越可以选择更加合适快速的绘制方式进行绘制。

（3）在进行墙体的绘制前，需要在绘制区域的上方设置墙的纵向放置方向、墙高、放置定位线、连接方式等参数，墙高和定位线也可在属性栏处设置。

（4）在属性栏设置需要绘制墙体的类型与约束参数，设置完成后在绘制区域中点击鼠标来绘制墙体。

（5）绘制墙体时，可以使用鼠标进行调整，如更改墙体的长度、高度及角度。还可以使用键盘输入具体数值来精确绘制墙体。

4）门窗创建

门窗作为建筑的主要功能构成部分，是建筑的重要组成部分。在 Revit 中，门窗的创建方式是相同的，都是依附于墙体作为主体创建的构件。门窗的创建步骤如下：

（1）在"建筑"选项卡中，选择"门（窗）"命令，进入门（窗）的绘制选项卡。

（2）门（窗）的类型是复杂多样的，在 Revit 中提供了丰富的门（窗）的类型。可以通过选项卡中的"载入族"命令进行载入。

（3）选择合适的门（窗）类型后，还需要对门（窗）的底高度进行设置。底高度是指门（窗）距离所在标高的相对位置，在绘制时需要与高程进行区分。

（4）将鼠标放置在需要绘制门（窗）的墙体上，鼠标左击完成放置，放置完成后检查门（窗）的内外方向，利用"空格键"进行翻转调节。

5）建筑柱创建

建筑柱在建筑中起到装饰和维护的作用，不承受上部结构的荷载。在 Revit 中，建筑柱的创建步骤如下：

（1）在"建筑"选项卡中，选择"建筑柱"命令。该命令位于"建筑"面板中的"柱"下拉菜单中，命令选取时需要注意与"结构柱"进行区分。

（2）打开绘制选项卡后，在绘制区域的上方设置建筑柱的纵向绘制方向与高度值。纵向绘制方向包括"深度"与"高度"两个选择，一般选择"高度"。

（3）在属性栏处选择需要绘制的建筑柱类型，建筑柱是可载入族，可以通过外部载入的形式来放置需要的建筑柱类型。

（4）将鼠标移动到建筑柱所在位置，按住空格键可旋转建筑柱的方向，方向与位置确定后，鼠标左击完成绘制。

6）建筑楼板创建

楼板是模型创建中十分重要的一个因素，也是建筑物的重要组成部分之一。建筑楼板是指建筑的地面面层，不参与受力。建筑楼板的创建步骤如下：

（1）在"建筑"选项卡中，选择"楼板：建筑"命令。该命令位于"建筑"面板中的"楼板"下拉菜单中。

（2）在属性栏中选择需要的楼板类型。楼板是系统族，不能进行外部载入，需要在系统族的基础上进行属性修改来新建类型。

（3）打开绘制选项卡后，在选项卡中选择楼板边线的绘制形式，楼板边线的绘制形式可根据实际需求进行选择。

（4）设置楼板的约束参数，约束参数设置时，需要注意楼板的标高是楼板顶部的高程值，例如 F1 标高值为 0，即在 F1 标高上的楼板顶高度为 0。

（5）绘制楼板的边界线，楼板边界线需要形成封闭的环才能完成绘制。

（6）楼板边界线绘制完成后，对楼板的坡度、跨方向进行设置。

（7）确认参数、位置正确后，点击选项卡中的√号，完成楼板的绘制。

7）屋顶创建

屋顶作为建筑的顶部围挡部分，在 Revit 中有迹线屋顶、拉伸屋顶和面屋顶三种创建形式。

（1）迹线屋顶的创建步骤：

① 在"建筑"选项卡中，选择"迹线屋顶"命令。该命令位于"建筑"面板中的"屋顶"下拉菜单中。

② 进入绘制界面后，在选项卡中选择屋顶边线的绘制方式。

③ 在属性栏处选择需要的屋顶类型，迹线屋顶也属于系统族。

④ 设置屋顶的标高、偏移值等约束参数。

⑤ 在绘制区域绘制迹线屋顶的边界线，屋顶的边界线与楼板相同，需要形成一个闭合的环才能完成绘制。

⑥ 边界线绘制完成后，点选各个边界线可对各个边界线的坡度值进行修改。

⑦ 绘制完成后，点击选项卡中的√号，完成迹线屋顶的绘制。

（2）拉伸屋顶的创建步骤：

① 在"建筑"选项卡中，选择"拉伸屋顶"命令。该命令位于"建筑"面板中的"屋顶"下拉菜单中。

② 与迹线屋顶不同，拉伸屋顶需要拾取工作平面才能进行绘制。拾取与屋顶相邻的墙体表面作为工作平面，能更加方便地对屋顶位置进行定位确认。

③ 工作平面选择完成后，还须对屋顶的参照标高与偏移值进行设置，注意此处的偏移值是相对于参照标高的偏移值。

④ 进入绘制区域后，在选项卡中选择轮廓线的绘制方式，根据实际需求去进行选择。

⑤ 绘制前还需要在属性栏中选择需要的屋顶类型，同时对拉伸长度和其他约束参数进行修改，拉伸长度的起始点是在所拾取的参照面上。

⑥ 绘制拉伸屋顶的轮廓线，拉伸屋顶的轮廓线可以不闭合成环。

⑦ 点击选项卡中的√号，完成拉伸屋顶的绘制。

⑧ 拉伸屋顶绘制完成后，还可以通过拉伸屋顶两端的操纵柄修改屋顶的横向长度，操作更加便捷。

（3）面屋顶的创建步骤：

① 面屋顶需要结合体量进行绘制，所以需要先绘制出一个体量模型才能进行绘制。

② 在"建筑"选项卡中，选择"面屋顶"命令。该命令位于"建筑"面板中的"屋顶"下拉菜单中。

③ 在属性栏选择需要的屋顶类型。

④ 用鼠标选择需要放置屋顶的体量表面，鼠标左击确认。

⑤ 在选项卡中选择"创建屋顶"命令,完成面屋顶的创建。

8)楼梯创建

楼梯是 Revit 建模中比较复杂的操作,一个楼梯构件由梯段、平台和支座构件三部分组成,在绘制楼梯时需要考虑每个构件的参数值。楼梯的创建步骤如下:

(1)在"建筑"选项卡中,选择"楼梯"命令。

(2)在选项卡中根据实际需求选择需要绘制的梯段类型。

(3)在属性栏中选择需要的楼梯类型。Revit 中具备现场浇筑楼梯、组合楼梯、预浇筑楼梯三类基础楼梯类型,还可以在这三类楼梯的基础上进行参数的修改用以创建新的楼梯类型。

(4)在属性栏中设置楼梯的约束条件和踢面、踏板参数。

(5)在绘制区域内进行梯段与平台的绘制。

① 梯段绘制完成后,两个梯段会自动连接形成平台。

② 梯段与平台还支持草图绘制,在选项卡中选择草图绘制后,可以打开梯段与平台的草图绘制选项卡。梯段的草图绘制包括边界、踢面、楼梯路径。平台的草图绘制包括边界、楼梯路径。

(6)绘制完成后,点击选项卡中的√号,完成楼梯的绘制。

9)其他构件创建

Revit 中还可以放置一些单独的构件,用以丰富模型内容或对模型进行完善补充。其他构件的创建步骤如下:

(1)在"建筑"选项卡中选择"构件"命令。该命令下拉菜单中包含"放置构件"和"内建模型"两个命令,选中"放置构件"命令。

(2)在属性栏中选择需要放置的构件,构件族分为可载入族与内建族两类。其中,可载入族是可以在不同的项目中进行重复使用的族文件;内建族则无法通过"插入"命令载入其他项目中。

(3)在绘制区域将鼠标移动至构件所在位置,鼠标左击放置构件。

1.6.3 结构模型创建

结构模型创建遵循的基本流程:基础→柱→墙→梁→板。

1)基础创建

基础作为建筑的重要支撑构件,在 Revit 中有着丰富的创建方式。基础的创建步骤如下:

(1)在 Revit 界面中选择"结构"选项卡。

(2)在"结构"选项卡中,找到"基础"工具组。在"基础"工具组中包括"独立""墙""板"三个绘制命令,对应独立基础、条形基础、筏板基础三类基础类型。

(3)独立基础的放置:

① 在"基础"工具组中选择"独立"命令。该命令用以放置独立基础。

② 在属性栏中选择需要放置的独立基础类型。独立基础是可载入族,在官方给出的族

文件中预设了多种独立基础族。

③ 设置独立基础的标高等约束参数与材质。

④ 在绘制区域将鼠标移动至基础所在位置,鼠标左击放置基础。

（4）条形基础的绘制：

① "墙"命令下的条形基础是以墙为主体进行创建的,基础绘制前需要完成相应的墙体模型。

② 在"基础"工具组中选择"墙"命令。该命令用以放置条形基础。

③ 选择绘制完成的墙体,软件会自动在墙体底部创建与墙相同长度的条形基础,相邻的条形基础还会自动进行连接。

（5）筏板基础的创建：

① 在"基础"工具组中选择"结构基础:楼板"命令。该命令位于"基础"工具组的"板"命令下拉菜单中,用以放置筏板基础。

② 进入绘制界面后,在选项卡中根据实际需求选择筏板边线的绘制形式。

③ 在属性栏中选择需要的筏板基础。筏板基础属于系统族,只能通过复制原有的族类型进行参数修改来创建新类型。

④ 设置筏板的约束参数。

⑤ 在绘制区域绘制筏板的边界线,与板的绘制相同,筏板边界线也需要形成封闭的环。

⑥ 筏板边界线绘制完成后,对筏板的坡度、跨方向进行设置。

⑦ 点击选项卡中的√号,完成筏板的绘制。

2）结构柱创建

与建筑柱不同,结构柱是建筑的重要承重构件,是极为重要的受力构件,为建筑的结构安全提供保障。

在Revit中,结构柱的创建分为垂直结构柱与斜柱两种。垂直结构柱与斜柱的创建命令在"结构"选项卡下选中"柱"命令后弹出的选项卡中。

其中垂直柱的创建步骤可参考上文建筑柱的创建步骤。斜柱的创建步骤与垂直柱不同,包含了起点、终点、水平长度三个参数值,其创建步骤如下：

（1）选中"斜柱"命令。

（2）在绘制区域上方对斜柱两端的高度进行设置。

（3）在属性栏中选择需要放置的结构柱类型及其他参数。

（4）参数设置完成后将鼠标移至绘图区域,左击确认斜柱的起点,拖动鼠标至相应位置,左击完成放置。

3）结构墙创建

与建筑墙相比,结构墙不仅能起到界定建筑的功能分区的作用,而是建筑物的重要承重构件。在Revit中,结构墙的创建步骤与建筑墙的创建步骤基本相同：

在"结构"选项卡中,选择"墙:结构"命令。该命令位于"结构"面板中的"墙"下拉菜单中,绘制步骤参考上文建筑墙绘制步骤。

4）梁创建

梁作为建筑中承担大量荷载的组成部分,在整个项目中所占比重也十分庞大。根据梁的承重功能,可分为主梁与次梁两种类型,在模型绘制时需要进行区分。梁模型的创建步骤如下:

（1）在"结构"选项卡中,选择"梁"命令,进入梁绘制界面。

（2）在选项卡中根据实际需求选择梁的绘制方式。

（3）在属性栏处选择需要绘制的梁类型。梁族是可载入族,能通过新建族文件来创建不同的梁族。

（4）在属性栏处对梁的标高、偏移值等约束参数进行设置。需要注意的是属性栏处的标高值也代表着梁顶标高。

（5）在属性栏的"结构用途"一项选择相应的选项,该选项为区分主次梁的重要参数。

（6）参数设置完成后,将鼠标移至绘图区域,绘制方式与标高轴网的绘制方式相同,鼠标左击确定梁的起始位置,之后拖动鼠标至相应位置,左击完成梁的绘制;还可以通过键入数值的形式进行梁的长度设置,键入的数值单位是毫米。

5）结构楼板模型创建

与建筑楼板不同,结构楼板起到承受上部荷载的作用,是建筑的承重构件。在 Revit 中,结构楼板模型可以进行钢筋布置与受力分析,这是建筑楼板模型所不具备的特征。结构楼板模型的创建步骤与建筑楼板的创建步骤基本相同:

（1）在"结构"选项卡中,选择"楼板:结构"命令。该命令位于"结构"面板中的"板"下拉菜单中。

（2）绘制步骤参考上文建筑楼板绘制步骤。

（3）建筑楼板与结构楼板可以通过属性栏中的"结构"选项进行相互转换。

1.6.4 暖通模型创建

暖通模型的创建遵循的基本流程:标高→轴网→暖通系统设置→风管机械设备→风管绘制→风管末端(风管弯头和连接件)。其中,标高和轴网的创建流程与建筑结构模型的创建流程相同,本节不再详细叙述。

1）暖通系统设置

（1）创建暖通系统

在 Revit 软件平台中,默认的风管系统类型包括送风、排风及回风三个系统;在创建风管系统过程中,软件将以布管系统配置自动生成管件。如果将风管指定给某个系统,则连接到该风管的风道末端和机械设备也将添加到同一个系统中。复制风管系统类型时,新的系统类型将使用相同的系统分类。

自定义风管系统类型的类型参数,包括图形替换、材质、计算、缩写和上升/下降符号。不仅可以自定义默认系统类型(送风、回风和排风)的参数,对于自行创建的任何新系统类型的参数也可以进行自定义。

① 编辑图形替换:对于某种类型的系统,可以针对指定给该系统的多个对象的集合,自

定义图形替换以控制颜色、线宽和线型图案。图形替换应用于整个项目,而不是像过滤器那样应用于特定视图。

② 编辑其他系统参数:可以编辑系统的材质、计算、缩写和升/降符号。

(2) 暖通系统检查和分析

检查风管系统工具可检查在项目中创建的机械系统,以确认各个系统都已被指定给用户定义的系统,并已准确连接。显示断开的连接可以为当前未连接的连接件显示断开标记,单击"分析"选项卡中"检查系统"面板,(显示断开的连接)可以控制断开标记的显示。

单击警告标记以显示相关警告消息。单击(展开警告对话框)查看警告消息的详细内容。单击(显示断开的连接)并清除选中项,以关闭断开标记。

(3) 暖通系统选型

在 Revit 中风管和管道有系统的概念,创建模型前应在样板中设置好所需系统。在项目浏览器中"族"的分类下找到"风管系统",展开后可以看到风管系统的分类,"复制"并"重命名"相应的系统,设置好风管系统。

2) 风管机械设备

(1) 机械设备

Revit 中该工具可用来为项目中的风管系统放置机械设备。诸如 VAV(变风量)箱等机械设备会向项目中的风道末端提供空气。其操作步骤如下:

① 在项目浏览器中,打开要在其中放置机械设备的视图。

② 单击"系统"选项卡→"机械"面板→"机械设备",然后在"类型选择器"中,选择一种特定的设备类型。

③ 在功能区上,确认选择了"在放置时进行标记",以自动标记设备。若要引入标记引线,请选择"引线"并指定长度。

④ 单击以放置设备。

注意:将设备放入视图前,可以按空格键进行旋转。每按一次空格键,设备旋转 90°。

(2) 风管机械设置

风管机械设置可以配置构件尺寸,以及机械系统的行为和外观。

① 风管隐藏线设置中可以为线样式和间隙的宽度指定下列参数:

绘制 MEP 隐藏线:选中该选项时,会使用为隐藏线指定的线样式和间隙绘制风管或管道。

线样式:单击"值"列,然后从下拉列表中选择一种线样式,以确定隐藏分段的线在分段交叉处显示的方式。

内部间隙:指定在交叉段内部显示的线的间隙。

外部间隙:指定在交叉段外部显示的线的间隙。

单线:指定在分段交叉位置处单隐藏线的间隙。

② 关于风管设置中的角度设置,可以指定 Revit 在添加或修改风管时使用的管件角度。

使用任意角度:可让 Revit 使用管件内容支持任意角度。

设置角度增量:指定 Revit 用于确定角度值的角度增量。

使用特定的角度:启动或禁止 Revit 使用特定的角度。

注意:当使用有限的角度集手动创建布局时,选择点作为基准,并且弯曲的角度也与预览有所不同。

3) 风管绘制

(1) 定位风管

可以使用对正设置来对齐风管,选择"风管"工具后,单击(对正设置)可访问该对话框。其指定下列对正布局选项:

① 水平对正:以风管的"中心""左"或"右"侧作为参照,将各风管部分的边缘水平对齐。

② 水平偏移:用于指定在绘图区域中的单击位置与风管绘制位置之间的偏移。如果要在视图中距另一构件固定距离的地方放置管网,则该选项非常有用。

③ 垂直对正:以风管的"中""底"或"顶"作为参照,将各风管部分的边缘垂直对齐。

(2) 绘制风管

① 单击"系统"→"HVAC"→"风管"或使用快捷键 DT。

② 单击"修改放置风管"→"对正",默认水平对正和垂直对正。

③ 打开风管"属性"面板,选择"矩形风管"栏下合适的风管类型。

④ 在"修改/放置风管"选项栏中"宽度"和"高度"的下拉列表中选择风管尺寸,如果下拉列表中没有需要的尺寸,可以直接输入需要绘制的尺寸。在"偏移"中输入风管的偏移量,默认为风管中心线到当前平面标高的距离。

⑤ 绘制风管,将鼠标放置在绘图区域,单击鼠标左键指定风管起点,移动至终点位置再次单击,完成一段风管绘制。继续移动鼠标绘制下一段,待绘制完成后,双击 Esc 键退出风管绘制命令,或单击鼠标右键,在弹出的快捷菜单中选择"取消"命令,操作两次后即可退出风管绘制命令。

(3) 编辑风管

使用对正编辑器,可对齐某一部分系统中管网的顶部、底部或侧面,操作步骤如下:

① 高亮显示该部分系统中要对齐的风管,按 Tab 键一次或多次可高亮显示要对齐的管段,然后单击选择管网。

② 单击"修改风管"选项卡→"编辑"面板,打开对正编辑器。

③ 单击(控制点)选择将作为对正参照的管网部分的一端,该端由显示在支管端部的箭头指示。

④ 指定对齐参照(左上、中上、右上、左中、正中、右中、左下、中下、右下),也可以单击"对齐线",然后从绘图区域中选择参照线。在选择了"细线"并且"视觉样式"设置为"线框"的三维视图中,该功能最为有用。它在参照风管面的边缘处沿着中心方向显示了虚线样式的参照线。

⑤ 在绘图区域中单击其中一条对齐线,可指定要用于对正的线。

⑥ 单击"完成"以对齐管网,或单击"取消"退出对正编辑器。

注意:编辑风管矩形弯头半径乘数时,数值越大,矩形弯头半径越大;进行风管布管时,Revit 将先使用布管系统配置中的设置,然后再根据需要,使用"机械设置"中的"角度"设置。

（4）定义暖通系统风管类型和尺寸

可以通过复制现有系统类型,创建新的风管或管道系统类型,为风管创建自定义系统类型操作如下:

① 在项目浏览器中,展开"族"→"风管系统"→"风管系统"。

② 注意:要为管道创建自定义系统类型,请展开"族"→"管道系统"→"管道系统"。

③ 在某个系统类型上单击鼠标右键,然后单击"复制"。

④ 选择"复制"后,单击鼠标右键,再单击"重命名",输入新的系统类型的名称。

⑤ "高压送风"是从"送风"系统类型创建的,并且具有相同的系统分类。

⑥ 通过"机械设置"编辑当前项目文件中的风管尺寸信息,有以下两种方式:

a. 单击"管理"→"设置"→"MEP 设置"→"机械设置",激活"机械设置"对话框,单击"系统"选项卡,单击"机械"面板右下角箭头(或使用快捷键 MS)。

b. 打开"机械设置"对话框后,可以选择对应形状的风管尺寸。单击"新建尺寸"或者"删除尺寸"按钮添加或删除风管尺寸。

注意:如在绘图区域已经绘制某尺寸的风管,则在"机械设置"尺寸列表中将不能删除该尺寸,需要先将该尺寸风管删除,才能删除"机械设置"尺寸列表中的尺寸。

4）定义暖通系统风管弯头和连接件

（1）单击"系统"→"HVAC"→"风管"或使用快捷键 DT。

（2）打开"风管"属性面板,选择"矩形风管"栏下合适的风管类型。

（3）在"属性"对话框中单击"编辑类型"按钮,打开"类型属性"对话框,再单击"编辑"按钮进入"布管系统设置"对话框,可以对风管不同管件的类型进行配置。

（4）在"类型属性"中单击"复制"按钮,可以在已有风管类型基础模板上添加新的风管类型。

（5）在"布管系统配置"对话框中可以看到弯头、首选连接类型等的默认设置,各个选项的设置功能如下:

① 弯头:设置风管方向改变时所用弯头的默认类型。

② 首选连接类型:设置风管支管连接的默认方式。

③ 连接:设置风管三通或接头的默认类型。

④ 四通:设置风管四通的默认类型。

⑤ 过渡件:设置风管变径的默认类型。

⑥ 多形状过渡件:设置不同轮廓风管间(如圆形和矩形)的默认连接方式。

⑦ 活接头:设置风管活接头的默认连接方式。

1.6.5 给排水模型创建

给排水模型创建遵循的基本流程:标高→轴网→管道系统设置→管道创建→管道隔热层设置→卫浴装置→喷头→管道→管路附件。其中,标高和轴网的创建流程与建筑结构模型的创建流程相同,本节不再详细叙述。

1）管道系统设置

管道系统设置是绘制给排水管道的前提之一,能够大大提高给排水管道的绘制效率,管道系统的设置主要是对管件的设置,步骤如下:

（1）在"系统"选项卡中,选择"管道"命令。

（2）在"属性"面板中,选择"编辑类型"。

（3）在弹出的"类型属性"对话框中,单击"布管系统配置"一栏的"编辑"。

（4）在弹出的"布管系统配置"对话框中,设置管段材质、弯头形式、三通、四通、过渡件连接类型等。

（5）设置完成后,点击"确定"按钮,管道系统设置完成。

2）管道创建

管道是给排水系统的主要组成部分,数量最多,管道的尺寸、走向决定了管道系统的运行,管道创建步骤如下:

（1）在"系统"选项卡中,选择"管道"命令。

（2）在"修改Ⅰ放置　管道"一栏中,输入管道"直径"和"高程"。

（3）水平管道创建。在绘图空白区域,鼠标左键单击作为管道的起点,移动鼠标至管道的终点,再次单击。

（4）立管创建。在"修改Ⅰ放置　管道"一栏中,输入管道直径、起点高程,在绘图空白区域单击一次,再次输入终点高程,双击"应用"。

（5）坡度管道创建。在"修改Ⅰ放置　管道"一栏中,选择"向上坡度"或"向下坡度",然后选择坡度值,绘制程序同管道创建。

3）管道隔热层设置

（1）在"系统"选项卡中,选择"管道"命令,在"修改Ⅰ管道　管道系统"一栏中,选择"添加管道隔热层"命令;

（2）在弹出的"添加管道隔热层"对话框中,输入隔热层厚度;

（3）点击"确定",即完成修改。

4）卫浴装置放置

（1）在"系统"选项卡中,选择"卫浴装置"命令。

（2）在弹出的对话框中,选择"是"。

（3）在属性栏中输入卫浴装置的放置高程。

（4）移动鼠标至卫浴装置的放入点。

（5）在相应位置单击,即可完成放置。

5）喷头放置

（1）在"系统"选项卡中,选择"喷头"命令。

（2）如果没有相应喷头族,在弹出的对话框中点击"是",载入相应的喷头族至项目文件中。

（3）再次在"系统"选项卡中,选择"喷头"命令,移动鼠标至喷头位置,在属性框中输入喷头标高,单击鼠标左键放置喷头,即完成喷头放置。

6)管路附件创建

管路附件创建可通过识别管道自动插入,也可手动放置附件。

（1）在"系统"选项卡中,选择"管路附件"命令。

（2）在弹出的对话框中,选择"是"。

（3）选择需要识别的管道,单击一下,即可自动插入。

（4）如果是手动放置管路附件,在属性框中输入管路附件的高程。

（5）移动鼠标至管路附件的放入点,单击鼠标左键放置管路附件。

（6）放置完成后,选择将与管路附件连接的管道,管道被点亮,选择蓝色光点,拖拽蓝色光点与管路附件连接。

（7）管路附件即放置完成。

1.6.6 桥架模型创建

桥架模型创建遵循的基本流程:标高→轴网→管件设置→电缆桥架。其中,标高和轴网的创建流程与建筑结构模型的创建流程相同,本节不再详细叙述。

1)管件设置

管件设置是绘制电缆桥架的前提之一,可以大大提高桥架绘制的效率。管件设置主要包括弯头、三通、四通、过渡件设置,主要步骤如下:

（1）在"系统"选项卡中,选择"电缆桥架"命令。

（2）点击属性框中的"编辑类型"。

（3）在弹出的"类型属性"对话框中选择管件类型。

（4）管件类型选择完成后,单击"确定",设置完成。

（5）如果管件类型是空的,在"插入"选项卡中,选择"载入族"命令,载入族库中相应的桥架管件类型。

2)电缆桥架创建

电缆桥架是电缆、导线的载体,其尺寸、高程也影响着其他管道的布置,电缆桥架创建的步骤如下:

（1）在"系统"选项卡中,选择"电缆桥架"命令。

（2）水平桥架创建:在"修改Ⅰ放置 电缆桥架"一栏中,输入电缆桥架的"宽度""高度""中间高程",输入完成后,在绘图区域单击作为桥架的起点,移动鼠标至桥架的终点,再次单击,水平桥架创建完成。如果成排桥架要底部对齐,那么单击"属性"框中"垂直对正",选择"底",输入"底部高程"即可。

（3）垂直桥架创建:在"修改Ⅰ放置 电缆桥架"一栏中,输入电缆桥架的"宽度""高度""中间高程",输入完成后,在绘图区域单击作为桥架的起点,再双击应用,即可完成垂直桥架创建。

2

可视化应用

2.1 基于 BIM 的可视化技术交底

2.1.1 引言

1) 传统技术交底

传统技术交底是指在建设工程项目开工前,或者其中的分部分项工程施工前,由建筑施工企业相关专业技术人员向参与施工的班组成员进行相应的施工技术、施工安全指导。

根据技术交底的具体内容,可分为设计图纸、施工深化、专项方案、分部分项工程和质量安全技术交底等。传统技术交底流程如下:

(1) 相关管理人员编制相应技术交底资料,组织召开交底会议,并应形成会议纪要;

(2) 在交底会议上,相关管理人员通过书面配以现场口头讲解的方式进行技术交底;

(3) 交底文件中包含交底日期、交底人、接收人等信息,项目技术负责人须对交底文件进行审批。

技术交底是贯彻设计图纸要求、施工工艺措施等内容,并落实到相关作业人员的一种有效方法,是建设工程施工技术管理中的重要环节。实施技术交底,可以帮助施工人员快速、详细地了解工程项目的重难点、技术质量要求、施工工艺方法、施工安全措施等,提升施工组织的科学性,减少因施工技术而导致的工程质量事故的发生。同时传统技术交底也是一种平面施工技术交底,对于施工工艺烦琐、工程结构复杂、施工条件紧张的建设项目,往往存在交底内容不清晰、交底理解出偏差、交底时间不及时等情况,导致后续施工出现错误,需要不断调整、返工,容易出现工程施工质量缺陷等现象。

2) 基于 BIM 的可视化技术交底的新内涵

建筑信息模型技术的出现,给施工企业技术交底带来了新的展现形式。基于 BIM 的可视化技术交底是对 BIM 技术的一种综合施工应用,其将施工数据与技术交底结合,充分利用 BIM 技术的可视化优势,在 BIM 软件中将传统技术交底的二维平面文字、图纸等技术内容以三维可视化的形式展现出来。基于 BIM 的可视化技术交底,不仅将交底内容以三维动画形式呈现出来,而且可以与被交底人员进行信息交互,允许被交底人员对技术交底内容进行信息补充,从而使技术交底信息更容易理解,进而运用到施工各个环节。

设计图纸、施工深化、专项方案、分部分项工程、质量安全技术等都可以利用 BIM 技术进行可视化交底。可视化技术交底流程如下:

(1) 根据施工图纸、施工方案等工程资料信息,在 BIM 软件中建立三维信息模型,并在模型中标注相应的技术参数。

(2) 利用三维信息模型制作可视化交底卡、施工工艺模拟视频等。

(3) 将可视化技术成果通过可交流屏幕展示,向被交底人员进行技术交底。

(4) 被交底人员可通过技术交底反馈意见,进行信息互动。

3) 基于 BIM 的可视化技术交底的优势

基于 BIM 的可视化技术交底相较于传统技术交底模式具有直观性、模拟性、可视化、优化性等优势。在技术交底前,利用 BIM 软件建立三维信息模型,可以直观地查看设计、施工深化二维图纸中存在的问题,从而在技术交底前发现并解决问题,可以有效节约施工成本,缩短施工工期,提升施工质量。BIM 技术的可视化特性可将传统的二维信息形式转化为三维动画形式,增强了施工工艺、安全技术的准确性和直观性。

基于 BIM 的可视化技术交底彻底改变了传统技术交底的二维平面模式,从二维平面上升至三维空间。在交底时,可以清楚地展示施工工艺、节点构造的具体做法,辅助现场施工人员对于复杂施工工艺、节点构造的快速理解,使其更易在大脑中形成立体空间的概念,提高了技术交底的质量和效率。

2.1.2 项目概况

泰州市海陵区青年路北延新通扬运河位于泰州市海陵区北部,南起海阳东路,北至站前路,总长约 2 510 m,为城市主干路,道路一般段规划红线宽 40 m。本标段工程主要进行 K1+240—K2+477 范围内的道路、排水、桥梁工程施工,其中主桥单孔跨径 168 m,为下承式特大跨河钢结构拱桥,引桥为装配式预制组合箱梁,主要工程量为桩基 208 根,预制梁 228 片,钢结构 7 400 t,计划工期 630 d,总投资 3.06 亿元。本工程建成后南接泰州市主城区,北接站前快速路,可实现"10 min 上快速路,20 min 上高速,40 min 全通达"三泰同城交通网。项目效果图如图 2.1 所示。

图 2.1　泰州市海陵区青年路北延新通扬运河工程项目效果图

2.1.3　实施流程

1）整体策划

以项目桥拱肋施工技术交底为例,基于 BIM 的可视化技术交底应用前期,BIM 工程师针对该应用进行整体策划。组织召开项目技术交底应用策划交流会,与项目技术负责人沟通交流,确定整体应用流程,分析项目建造过程,确定多个复杂拱肋类型的节点构造,针对该复杂节点构造,创建拱肋节点模型,将最终应用成果对施工相关人员进行技术交底,具体工作流程如图 2.2 所示。

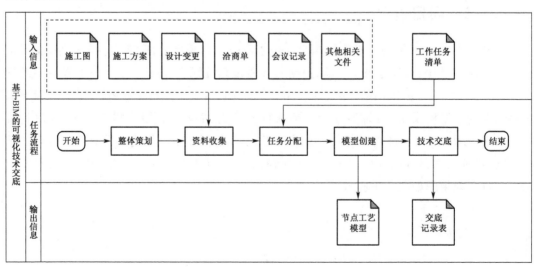

图 2.2　工作流程示意图

工作流程确定后,BIM 工程师对单个工作任务进行梳理分配,形成任务分配清单文件并及时更新工作完成情况。以任务分配清单为依据,确保"责任到人",相关人员要严格按照规定的时间计划完成相应的工作。明确的分工和详细的时间节点计划可以有效提高团队成员工作效率,调动相关人员工作积极性。每完成一个工作节点,由公司 BIM 工作站作为主导,联合项目技术部对相关 BIM 工作成果进行检查审核,保证工作按时、保质完成。

2)资料收集

复杂节点模型创建之前,BIM 工程师根据拱节点施工技术交底需求,收集相关施工资料,具体包括:

（1）施工图;

（2）相关施工方案;

（3）设计变更;

（4）洽商单;

（5）会议记录;

（6）其他相关文件。

资料收集完成后,BIM 工程师先行熟悉图纸、方案等文件,了解节点构造的施工工艺方法及流程,查看是否缺少资料,保证资料完整。然后,仔细阅读图纸、方案等文件,查看图纸是否存在问题。对于施工工艺有疑问的,提前与施工技术人员、设计人员沟通,保证创建工艺模型之前,对工艺流程清楚。资料收集完整可以大大提高创建模型的效率,所以该环节应认真细致完成。

3)创建模型

本项目需要创建的模型是拱节点模型,施工技术交底模型创建精度需达到 LOD400,或者至少达到可指导施工的程度。BIM 工程师应严格按照施工图和方案所标注的构件尺寸大小、位置进行模型的创建,实现完整、准确表达图纸内容的效果。对于创建模型的过程中发现的图纸相关问题,同步建立图纸问题集。全部问题整理完成后,统一发给相关人员进行处理,并约束问题反馈时间。问题集得到反馈后,及时根据反馈意见修改模型,促使模型与施工图、施工方案、设计变更等文件保持一致。完成模型创建后,由 BIM 负责人对创建完成的节点工艺模型进行审查复核,查出问题及时反馈给相关 BIM 工程师修改。图 2.3 为拱节点模型截图。

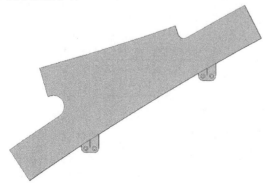

图 2.3 拱节点模型截图

4）技术交底

节点工艺模型创建完成后,BIM工程师在技术交底前进行交底前复核,确认无误后,在相关管理人员组织下,开展基于BIM的可视化技术交底。相对传统技术交底,BIM技术交底需要有BIM工程师参与,主要负责对模型进行引导、操作、解释。技术交底时,BIM工程师基于模型对节点的工艺流程、构件尺寸、构件标高等信息进行详细的讲解,对于施工人员的现场疑问进行解答,并注意做好相关问题的记录。技术交底后,BIM工程师需要在技术交底记录表上签字(图2.4),并附上注明了必要信息的纸质版交底资料,便于施工人员现场施工。如果现场有条件,可以提供轻量化模型,让施工人员借助平板电脑进行施工。

除案例拱节点构造技术交底外,本工程构筑物多、结构复杂,采用BIM技术直观形象地展示工程结构构件以及施工过程中的重难点,使工程作业人员充分了解构件结构,提高了技术交底的效率与质量。

BIM施工方案技术交底记录表

年　　月　　日

专业：结构

工程名称		分部工程	
分项工程名称		交底人	

交底内容: 1:
　　　　　2:

参加交底人员：

项目技术负责人		施工班组	

图 2.4　技术交底记录表示意

2.2　基于 BIM 的虚拟现实工法样板

2.2.1　引言

1）工法样板

随着社会的不断进步，人民生活水平的日益提高，人们对住房质量的要求也有所提高。特别是在当下建筑市场竞争异常激烈的时代，工期和质量在工程项目中起着至关重要的作用。工期虽然直接影响施工成本和企业效益，但衡量工程项目的好坏还是依靠工程质量，工程质量直接影响企业的品牌形象，必须严密控制。当前受限于建筑施工一线作业人员操作不规范、技能水平不高，采取口头、书面等方式进行技术交底和岗前培训，往往不能达到应有的成效。同时，也由于多数施工现场未按一定程序和要求制作用于指导施工的实体质量的样板，使得技术交底、岗前培训、质量检查、质量验收等方面都缺乏统一直观的判定尺度。

为解决这一问题，不少在建项目推行工程质量样板引路（又称"工法样板"或"样板引路"），即根据工程实际和样板引路工作方案制作实体质量样板，也就是工法样板。工法样板的应运而生，在于最大限度地消除工程质量通病和有效地促进工程施工质量整体水平的提高。

各类工程的实体质量样板有所不同，房屋建筑工程实体质量样板根据工程实际通常可以分为以下几类：安全文明施工、模板及支撑工程、钢筋工程、混凝土工程、砌体工程、抹灰工程、门窗及幕墙工程、装修工程、建筑节能工程、给排水工程、建筑电气工程、通风空调工程样板和其他工程质量样板。

2）基于 BIM 的虚拟现实工法样板的新内涵

基于 BIM 的虚拟现实工法样板，即将 BIM 技术与虚拟现实技术在工法样板方面结合。虚拟现实技术属于在 21 世纪逐步兴起的一种实用技术手段。这种虚拟现实技术，能够建立起一种多元信息互相融合，并且具备三维动态视景的实体行为计算机仿真系统。如何将建筑业和虚拟现实技术进行融合，为使用者带来正面效应，更显得尤为重要。通过对项目进行整体策划，然后收集资料并分配任务，以模型创建为基础，生成全景图并制作二维码，从而实现基于 BIM 的虚拟现实工法样板的展示。

对项目的重点通道，抑或是醒目的位置，设立 BIM 样板展示区域，利用样板作为引路设施，针对工程项目中的各项施工工艺与流程，包括操作要点进行科学规划。对于建筑工程中的细节，结合细节部位特点，保证样板引路操作更为合理，有效减少质量通病的出现。

3）基于 BIM 的虚拟现实工法样板的优势

实体工法样板一般设置在一固定区域范围内，想要了解相关质量要求时须前往该区域才可进行查看。而且实体工法样板在施工时容易因一次施工不到位，从而拆除后进行二次或三次施工，直至达到样板引路的标准。在工程完工后，也会因占用场地而对花费了较多人力物力的实体工法样板进行拆除。虽然现在市场上已经有可移动式工法样板出现，但受限于可移动式工法样板的通用性，其对于工程项目的一些特性质量要求往往难以表达。且移动式工法样板常常因维护不当或周转不当而造成毁损，也影响了移动式工法样板的使用。

虚拟现实工法样板打破了空间上的局限性，即使是在会议室内，仍可实现对作业工人进行现场技术交底的效果。而且工人在施工作业过程中，如遗忘样板具体要求，可在不移动位置的情况下，通过移动端直接查看虚拟现实工法样板。这大大提高了工人的施工质量和效率，避免了因工人疲于前往实体工法样板展示区域查看具体质量要求而盲目作业导致的返工。

虚拟现实工法样板还打破了时间上的局限性，不论是作业工人还是现场管理人员等，即使是卧床休息仍可通过移动端查阅样板。通过学习虚拟现实工法样板的质量要求，提升自己的施工水平和施工管理水平。

综上，虚拟现实工法样板不仅有效节省了用地面积及施工成本，而且避免了实体样板因返工、拆除而导致的施工材料浪费和施工垃圾产生，贯彻落实了"四节一环保"理念。将BIM与虚拟现实技术应用到建筑施工工法样板当中，能够为实体建筑工程施工与验收提供准确的样板与标准，进一步提升了工程的施工质量，缩短了工程施工周期，保证建筑工程的经济效益得到全面提高。

2.2.2　项目概况

泰州市人民医院新区医院一期项目(图 2.5)位于江苏省泰州市海陵区周山河街区，东风南路以西、塘湾路以北、引风路以东、永定东路以南。本项目由病房楼、门诊医技楼组成，项目总建筑面积为 19.71 万 m^2。地下 1 层，地上 4～25 层，最高建筑高度为 99.85 m。该医院是泰州地区最大的三级甲等医院，是泰州市重大民生工程，工期紧、规模大。项目总投资15 亿元，规划床位 2 000 张。该项目于 2014 年 4 月 18 日开工，2017 年 12 月 30 日竣工，于2017 年 12 月 30 日正式交付使用。

图 2.5　泰州市人民医院新区医院一期项目实景图

BIM 团队在项目设计阶段就开始参与优化设计,施工中全面指导现场施工管道预埋、安装、装饰装修排版,运营阶段进行智能化控制,项目管理全过程进行经济效益调控,等等。通过应用虚拟现实工法样板技术、二维码数字化加工等 BIM 技术内容,本项目累计节约成本 100 万元,缩短工期两个月。通过在该项目应用 BIM 技术,项目获得了江苏省优质工程扬子杯奖、国家优质工程奖、1 项江苏省省级工法、2 项实用新型专利、2 项 QC 成果。BIM 技术在该项目的成功应用,使得公司的项目管理水平有了很大的提升,得到了泰州市人民医院各级领导的高度认可,并在业内引起了广泛的影响和关注。所获荣誉奖项为"新点杯"泰州市第五届 BIM 技术应用大赛一等奖。

2.2.3 实施流程

1) 整体策划

基于 BIM 的虚拟现实工法样板应用开展前,BIM 团队综合考虑本项目实际情况及需求,针对本项目中施工工艺较为复杂、容易出现质量问题的部位,选择合适的工法样板类型制作虚拟现实工法样板。同时为了保证 BIM 技术应用工作的规范性和合理性,BIM 工程师团队在工作开始前制定了一套完整的工作流程。针对单个工作任务分工到人、责任到人,定期更新工作完成情况。具体工作流程如图 2.6 所示。

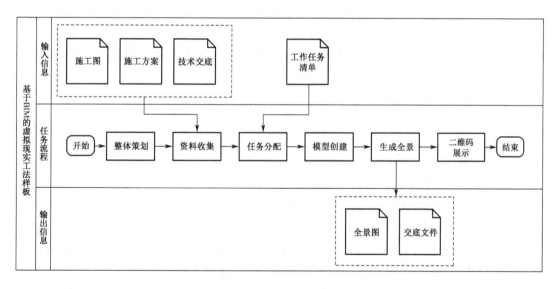

图 2.6 工作流程示意图

详细的时间节点计划和明确的任务分工可以有效提高 BIM 工作人员的工作效率和能动性,调动相关人员工作的积极性。在确定流程及分配任务后,相关人员严格按照规定的时间计划完成相应的工作,BIM 负责人以任务分配清单为依据,定期检查各任务完成情况。每完成一个工作节点后,由公司 BIM 工作站牵头,联合项目技术部对相关 BIM 工作成果进行检查审核,以保证工作按时且高效完成。

2）资料收集

在基于 BIM 的虚拟现实工法样板应用工作开始前，根据已确定的虚拟现实施工工艺样板类型，收集相关的文件资料，主要包括以下内容：

（1）工艺样板施工图纸；

（2）工艺施工方案和技术交底文件；

（3）相关规范标准文件。

BIM 工程师仔细阅读收集到的资料文件，充分了解并掌握相关工艺施工方法、施工步骤、完成效果，做到心中有数，再开始工艺样板三维模型的创建。充分理解相关的技术资料后再进行建模，可以有效保证后期建模的准确性和真实性，实现所创建的三维模型与实际施工完成后的效果高度一致，便于指导现场实际施工，真正起到样板先行的作用。

3）创建模型

BIM 工程师根据收集到的工艺样板施工图纸、施工方案、技术交底文件等资料，在 Revit 软件中进行各类型虚拟现实施工工艺样板的模型创建。在建模过程中，保证三维模型与施工图纸完全吻合，即三维模型的尺寸、外观形状、空间位置准确。其中与样板相关的构造信息、质量要求和施工工艺模拟视频等影音文档内容，可在全景图生成阶段以热点形式嵌入全景图。BIM 工程师在建模过程中，及时发现并记录图纸问题，与相应施工方案及交底文件进行对比发现问题，统一将问题汇报至项目技术部，由项目技术部审核确认提出处理方法，反馈至三维模型后重复上述过程。通过此方法确保虚拟现实施工工艺样板三维模型的准确性和真实性，使虚拟现实施工工艺样板达到指导现场实际施工的要求，达到施工前样板先行的目的。

对于模型中部分尺寸变化可能性较大的构件，如蒸压加气混凝土砌块、煤矸石多孔烧结砖及蒸压加气混凝土内隔墙板等构件，在创建三维模型时，对其进行尺寸参数的添加，形成该构件的参数化模型族文件，从而大大提高虚拟现实施工工艺样板模型创建的工作效率，减少重复性建模的工作，实现虚拟现实施工工艺样板的模型重复使用。

使用族文件来制作施工工艺样板模型，制作完成一种施工工艺样板模型后，对其进行族文件保存。该方法可实现若有其他项目施工时使用相同或相似的工艺，即可直接使用或略微修改后使用该模型，以提高建模的效率、避免重复性的建模工作。新建项目文件将前期策划中该项目所需要的虚拟现实施工工艺样板族文件全部载入项目文件，按照场地施工布置图进行排列，形成该项目的 Revit 虚拟现实施工工艺样板模型文件。

4）生成全景图

虚拟现实施工工艺样板三维模型创建完成后进行全景图制作。制作全景图前，须将模型数据文件导入 Lumion 效果图制作软件中，在 Lumion 软件中对施工工艺样板三维模型进行快速添加材质效果、场景环境及镜头设置。基础信息调整完善后，可以在软件中进行效果预渲染，如果发现模型存在问题，只需在 Revit 软件中进行修改，导出相应模型数据文件后直接替换更新即可。在 Lumion 软件中可以快速地对构件材质进行添加，将构件材质调整为现场实际材质，尽可能做到真实、形象、贴合实际。材质调整完成后再进行场景参数的调整，调整阳光照射高度、方向、强度等场景参数，模拟现场实际情况，须注意阴影参数的调整,阴影尽量不遮挡三维模型,避免出现因阴影而看不清内容等低级问题。完成材质及场景的添加后,确定好所需要的全景图镜头,可确定多个多角度镜头,渲染输出完成后再筛选具体选用哪些场景展示图片。

将渲染输出完成后的施工工艺样板展示全景图上传至720云平台,进行全景图效果的制作。针对不同的施工工艺样板分别添加场景,每个场景为一张该位置的全景图,并在各场景内添加热点链接进行场景切换,注意添加的热点符号要符合实际情况,箭头方向对应相应的实际位置。也可在各个场景的施工工艺样板模型上添加图片热点。将对应的施工技术方案、技术交底文件及质量规范要求等转换为图片形式并上传至相应的位置,编辑清楚热点的名称。同时还可以在场景中添加视频热点,将制作完成的该部位施工过程动画演示视频或实际规范操作视频上传至相应位置,以视频名称命名热点名称,方便现场人员及时查看相关做法、质量要求及动画过程演示等。将完成后的720云全景图作品以网址链接和二维码扫码的形式进行分享。

5)虚拟现实施工工艺样板展示

根据生成的全景图二维码制作现场全景图二维码展示牌,打印后粘贴于施工现场出入口等重要部位。项目部管理人员及现场施工作业人员可使用手机扫描二维码来查看虚拟现实施工工艺样板展示。其可通过点击各个场景热点来切换场景,在不同的施工工艺样板场景内可通过点击图片热点和视频热点来查看相关技术交底、施工方案文件、质量规范要求及施工过程演示动画等,明确具体施工做法及施工工艺。

也可以使用电子触摸屏进行演示,操作方法较为简单,只需通过常规浏览器打开720云全景图网页端链接,即可查看样板全景图,操作方式与手机移动端相同。此方式不受模型文件大小限制,且对设备硬件要求较低,手机移动端或电子触摸屏能够正常浏览常规网页,便可正常查看虚拟现实施工工艺样板。项目对外展示时触摸屏演示虚拟现实施工工艺样板全景图,配合现场实际已经建造的其他施工工艺样板,能更好地让参观者身临其境地感受相关的施工工艺,增加场景真实性,体现信息化管理的好处。泰州市人民医院新区医院一期项目在标杆工地评选中采用电子触摸屏展示虚拟现实施工工艺样板时受到标杆工地评选人员一致好评。

如果遇到做法或材料等发生变化的情况,BIM工程师仅需要将三维模型修改后重新渲染输出为全景图,在720云平台上对全景图进行替换更新后,扫描原来的二维码即可查看最新虚拟现实施工工艺样板全景图,不需要重新打印全景图展示牌,实现了真正的信息化管理。

3

一体化应用

3.1 BIM 正向设计专业协同一体化

3.1.1 引言

1）正向设计

目前，我国建筑业发展迅猛，促进了经济的快速发展，建筑业信息化的发展也在加快速度，但是建筑业高能耗、低效率仍严重制约着我国建筑业现代化转型。传统项目建设中，大家一般是对着施工图纸施工和建模，这个过程叫作"翻模"，也就是"先 CAD 出图、后翻模"的 BIM 逆向设计。

为实现项目设计高完成度，简化管理过程，实现项目的科学管理，提高项目沟通的效率，加强多专业协同，BIM 技术作为建筑信息化发展的最新产物，不仅在于建立模型和输出三维效果，更在于全面掌握丰富的建筑工程信息，随时快速获取最新、最准确完整的工程数据信息。

随着科技实力的提升，创新思维也不断成为现代设计中最为重要的一环，与传统的设计方式相比，BIM 技术应用下的正向设计也逐渐成为系统工程中非常重要的一部分。所谓 BIM 正向设计就是项目从草图设计阶段至交付阶段全部过程都由 BIM 三维模型完成，即直接在三维环境里进行设计，利用三维模型和其中的信息，自动生成所需要的图档，模型数据信息一致、完整，并可后续传递。

2）BIM 正向设计专业协同一体化

BIM 正向设计是通过"先建模，后出图"模式，将设计师的设计思路直接呈现在 BIM 三维空间，三维模型能直观地反映设计意图，同时通过参数化设计让操作更加简单。通过三维模型直接出图，保证了图纸和模型的一致性，减少了施工图的错漏碰缺，对于设计质量有很大的提高。项目所涉及的所有专业都落实到三维空间，实现各专业之间设计过程中的高度协调，降低专业协调次数，提高专业间设计会签效率，可以更加高效地把控项目设计的进度和质量。以模型消费模式进行模型的设计优化、工程算量、造价、出图等一系列的管理模式,提高了设计的完成度和精细度,减少了二维的设计盲区,让模型服务后期施工成为可能,这也是 BIM 正向设计的最终目的。

随着三维模型的持续调整,二维设计图纸可以相应地进行自动联动调整。二维设计交付成果时只有二维的图纸,并且图纸所包含的信息内容极为有限。而正向设计以三维模型为驱动,三维设计模型的成果会包含二维的图纸信息以及各种几何数据等信息,充分弥补了二维图纸无法实现深化应用及信息传递的缺陷。

BIM 正向设计是对传统建筑施工项目设计流程的全面改革,让建筑物结构和构件以最直观的三维模型进行表达,将各个层次与属性的建筑信息系统在同一个平台集中管理,更有效地提升了工程设计效能和协调性,从而提升工程设计品质。

3) BIM 正向设计专业协同一体化的优势

较目前一般采用"先 CAD 出图、后翻模"的 BIM 逆向设计来说,BIM 正向设计是设计方法的一种改变,不再根据二维图纸进行二维翻模,而是直接在三维建模软件上进行设计,再由三维模型直接生成施工图纸,设计方案质量更优,设计效率也进一步得到提高。

BIM 正向设计从方案设计阶段就采用三维建模,模型以三维信息模型作为集成平台,在技术层面上适合各专业的协同。由于包含了建筑的材料信息、工艺设备信息、成本信息等,这些信息可以用来进行数据分析,因此使专业的协同达到更高的层次。模型具有可传递性,下游单位将模型作为生产和施工的依据一直延续到交付阶段,而不需要重新建模。

正向设计有明显的优势。首先可利用的是 BIM 多软件协同的特点,一个模型可以在不同软件间进行日照、能耗、疏散、消防、结构计算等多方面的分析,不同的设计人员可以在一个模型上进行实时协作,模型不仅可以表达图形还能传递属性,图纸不过是模型的一种导出格式。

这种"先建模、后出图"的 BIM 正向设计方式,不仅提高了城市规划、建筑设计、施工、运维等整个生命周期的信息对称性、统一性和指导性,满足了工程建设、施工、监理、审图机构等参与方对施工资料的需求,而且避免了 BIM 逆向设计带来的工作重复、效率低下、人力物力耗费大的问题。正向设计可以提高设计深度与精度,降低工程风险,从而保证项目的高品质与完成度。

目前,限于 BIM 技术发展的现状和设计人员掌握 BIM 技术的程度,还很难做到完全意义上的 BIM 正向设计,大部分设计企业采用的 BIM 设计应用是翻模,未来 BIM 正向设计是必然的。BIM 正向协同设计的意义在于:协同设计能使工程师在设计过程中少走弯路,把更多的时间和精力投入设计方案上,提高设计方案的质量;协同设计使得各个专业的工程师在一个平台上进行设计交流沟通合作,短时间内获取其他专业模型信息,及时发现设计中存在的错漏碰缺,从而提高设计质量,提升工作效率。

3.1.2　项目概况

泰州垛田 110 kV 变电站(图 3.1)坐落于泰州兴化市东郊,项目占地 4 250 m²,建筑面积 796 m²,为单层钢框架结构,变电站布置有 3 台 50 MVA 变压器及其他变电设备。该项目将有效提升兴化城区用户供电可靠性和用电质量。

为推动 BIM 技术在电网工程设计、建设、管理阶段的全过程落地运用,本项目提出从 BIM 设计与施工管理的"两张皮"向"孪生体"方式转变。项目研发了"电网 BIM 数字建造协同管理平台",通过平台的试点应用,推动了 BIM 正向数字建造技术在项目中的落地应用,提升了工程建设数字化管理的水平,完成了电网数字建造的目标。

图 3.1 项目完成图

3.1.3 实施流程

1) 整体策划

项目采用 BIM 正向设计以提高设计深度与精度,降低工程风险,从而保证项目的高品质与完成度。由于现有的结构 BIM 正向设计的软件尚不成熟,项目的软件解决方案采用的是基于 Revit 和 CAD 结合多款 BIM 插件的组合应用方案,项目的结构 BIM 正向设计流程如图 3.2 所示。

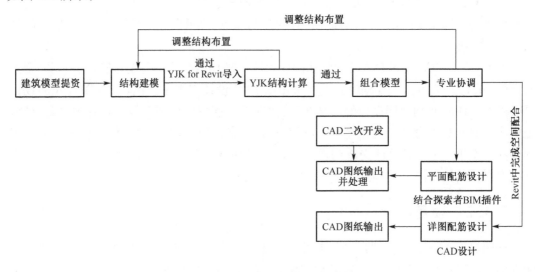

图 3.2 BIM 正向设计流程示意图

项目设计工作从方案设计开始,建筑专业就直接利用 Revit 软件进行正向设计,除最终输出工程图纸之外,不再产生 CAD 二维图纸形式的过程资料。结构 Revit 模型与计算分析模型的互联互通则通过 YJK for Revit 插件与探索者 BIM 插件实现。完成结构布置后,结构 Revit 模型通过 YJK for Revit 插件导入盈建科计算软件中进行结构分析,省去了计算模型重复建模的工作量。待结构分析迭代完成后,通过探索者 BIM 插件局部更新 Revit 模型,再进行后续的平面配筋设计。Revit 中完成的图纸可通过 CAD 二次开发批量处理以满足下游工种软件识别的需求。

2)设计方式

基于平面投影法的传统设计方式与结构 BIM 正向设计模式有较大区别,主要包括协同方式的转变和设计意识的转变。

(1)协同方式的转变

BIM 正向设计是由二维协同向三维协同的转变。两者的不同可以体现在协同的颗粒度上。对于二维协同,协同的颗粒度通常是粗糙的。例如,二维协同中梁平面布置、几何信息都是孤立的。协同过程中,相关专业需要将信息都整合到自己的图纸中,再人工过滤掉非相关信息。发现问题的过程主要依赖设计人员自身经验,协同效率不高。对于三维协同,协同的颗粒度是构件级的。在三维协作过程中,相关专业无须再重新整合信息,模型构件已经包含完整的信息,三维的设计环境也一定程度上弥补了设计人员经验上的短板,协同效率高。基于 Revit 的 BIM 设计,通常有两种协同工作方式,即以中心模型划分工作集的方式和相互链接的方式。其中链接方式近似于 CAD 中的外部参照,而中心模型是基于服务器实现多人编辑同一文件,对应的工作集用于划分同一文件下的工作权限。专业内宜选用基于工作集的方式,专业间可采用链接的方式。

协同方式的转变还体现在提资形式上。基于 Revit 的 BIM 正向设计过程中建筑专业是以三维模型作为提资物,在建筑模型提资平面时已经同时包含了立面和剖面,从而造成其设计阶段时间分配上与传统设计模式大不相同。建筑专业平面设计的时长将大幅加长,而后续的详图设计将缩短。与之对应,结构专业的管控节点也需要随之调整。

(2)设计意识的转变

基于 Revit 的 BIM 正向设计的设计环境是三维可视化的,其让专业间配合更加高效,同时也带来了设计意识上的转变。相比 CAD 基于投影的抽象想象,正向设计过程中所有构件的空间关系都是真实反映的,专业间的相互影响也都直观地反馈在模型中。这为结构专业带来了主动设计意识的转变。在专业配合过程中,结构专业可以实时了解结构构件对其他专业的影响。如结构专业在设计过程中发现原雨水立管虽平面上已避开结构构件,但是原地漏水平弯头需要在梁端钢梁节点位置开洞,对结构不利,如须避开钢梁只能形成低位吊顶,进而影响室内空间。该类问题较为隐蔽,通常在精装配合阶段才会发现,且一般不会由结构专业主动发现。通过 BIM 正向设计,结构专业也可以主动参与到建筑品质的营造中。

3)设计要点

基于 Revit 的结构 BIM 正向设计的难点主要聚焦在如何处理好 Revit 模型与结构计算

模型的联系,在 Revit 中高效实现平法表达,平衡好应用过程中的效率损失。结合本项目的应用,采取下列措施:

(1) Revit 模型与结构计算模型的统一

结构设计是一个不断迭代的过程,Revit 模型与结构计算模型也需要不断更新,因此首先要解决 Revit 模型与结构计算模型统一的问题。结构计算模型精度相对粗糙,特别是一些局部高差位置等,均需要进行简化。但 Revit 模型是精细化的,每个构件需要正确反映其真实空间关系。在 Revit 机制中修改构件的标高有两种方法,即修改端点标高偏移和修改 Z 轴偏移。修改前者会同时修改构件分析模型的节点高度和构件的空间高度,而修改后者只会改变构件的空间高度。合理应用可以有效解决模型互导时因忽略构件高差而造成的 Revit 模型与结构计算模型两者不统一的问题。当构件的高差关系在结构计算模型中需要被考虑时,可选择修改端点标高偏移值。当构件的高差关系需要被忽略时,可修改 Z 轴偏移值并在导出模型交互时忽略该值。这样就可以实现 Revit 模型与结构计算模型两者交互的容差。目前该项建议已被相关软件公司采纳,并在 YJK for Revit 4.0 新版本中增加"忽略梁 Z 轴偏移"功能。

(2) 基于 Revit 的平法施工图

对于结构 BIM 正向设计来说,钢筋信息的表达是最难解决的问题,同时也是影响设计效率的重要因素。在 Revit 中钢筋是实体表达的,但国内通用的施工图平法是对实体钢筋的抽象表达。通过采用平法注释符号的方法来替代在 Revit 中建立实体钢筋的过程,将配筋信息以可提取、可交换的数据形式录入模型构件中以实现与模型联动,这与 BIM 理念是相容的。为提高平法注释效率,项目采用探索者 BIM 插件来实现自动生成平法注释。先根据 YJK 计算结果生成一版配筋结果,随后再进行具体的构件配筋设计,此构件配筋设计过程可看作一个信息录入的过程。应用中需要注意梁构件的建模顺序。

由于 Revit 的注释机制,注释符号的放置基点是基于构件放置的起点与端点判断的。软件中严格规定了梁构件"由左至右""由下至上"是正方向,否则注释符号的位置将无法被正确标记。

除此之外,在 Revit 中详图的配筋设计仍是个难点,目前尚无可靠的办法将详图配筋信息与模型关联。如果仅将 Revit 作为二维制图工具,这样其不仅工作效率与插件完备的 CAD 生态相比毫无优势,而且对图模一致、信息完整的目标并无明显益处。因此综合考虑平衡设计效率损失等因素后,本项目的详图设计部分在 Revit 模型中完成空间配合,然后导出剖面在 CAD 中完成后续配筋设计。施工图阶段还提供了承台、钢柱角等三维详图,降低了识图难度(图 3.3)。

依托本工程编制输变电工程三维设计建模及族库标准,完成项目级参数化样板族库的建立(图 3.4),创建土建、电气共计十大类约 310 个参数化族,其中主变、GIS(气体绝缘开关设备)、电容器、开关柜、二次屏柜等高压设备严格按照厂家资料进行三维建模。模型的外形材质、属性参数等均满足国网 GIM(电网信息模型)建模标准。

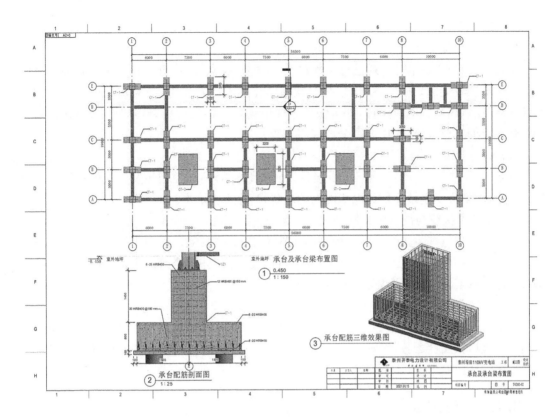

图 3.3 结构出图

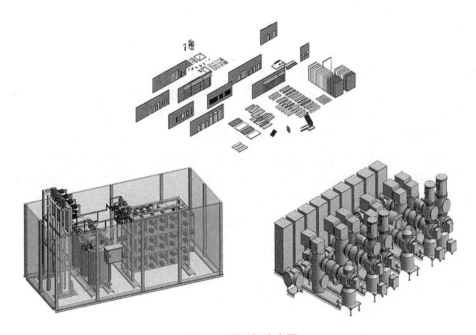

图 3.4 项目级族库图

4）正向设计辅助应用内容

（1）高压电缆敷设

项目利用 BIM 技术对电缆进行了预敷设,并基于 Revit 二次开发符合电力行业特点的高压电力电缆智能敷设插件,在出电缆终端精细化建模的基础上,只需定义电缆敷设的起点和终点,绘制出高压电缆路径,即可快速生成电缆敷设的三维模型,弥补了 Revit 在高压电缆敷设上的空白,确保高压电缆分层有序布置。

（2）弱电管线敷设

基于 BIM 技术进行墙板檩条开孔设计、外墙檩条的排版、控制箱及管线的布置的三维精细化设计,解决变电站高低压电缆混沟的现状,消除火灾隐患。

（3）电气主接线与设备模型联动

项目实现了电气主接线与设备模型的属性关联、实时联动。选中主接线图中的设备能够自动定位到相应的变电站三维模型。在设备模型中修改属性参数,主接线图中相应的技术参数也能够实时自动修改,反之亦然。

（4）电气安全距离自动校验

对电气设备模型的电压等级进行准确定义,将不同电压等级的电气设备间安全距离要求融入三维模型属性参数,实现电气安全距离自动空间校验,从设计源头杜绝设备间带电距离不足问题的发生。

3.1.4 应用成效

该项目完成总图、建筑、给排水、动力照明、电气设备模型及图纸,实现正向设计全专业覆盖,共完成 21 卷册,累计 173 张施工图,三维正向设计覆盖率高达 96%。现场协调会议时长明显减少,有效地减轻了管理人员的压力。

（1）实现 BIM 正向设计与工程建设阶段的无缝衔接

解决了 BIM 正向设计成果在施工阶段不能得到全方位利用的问题,让施工建管单位能直接读取设计成果。实现用 2D 与 3D 联动查阅替代传统蓝图,用 BIM 正向设计成果直接指导现场施工。通过开展图模校审、技术交底、质量与进度管理等,实现了"一模多用"。

（2）利用 BIM 技术在强弱电管线敷设上取得突破

利用 BIM 技术解决了变电站内强弱电管线的差异化布置方案问题,利用电力三维插件实现了分层分区精细化设计,提出了一种变电站墙板内"微管廊"布线方案,并利用 BIM 技术对檩条开孔及管线敷设进行施工指导,提升了 23% 的设计效率。

（3）实现基于模型的检验批与进度同步报验流程

通过设计阶段定义所有模型构件检验批身份属性,并制作工程质量验评表单和流程,实现验收资料与模型、模型与验评、验评与工程进度等的互相关联。即实现了基于 BIM 正向设计协同关联,用正向流程驱动电网工程数字化管理,实现数字建造的目标,促进数字化转型。

3.2　施工项目管理一体化

3.2.1　引言

1）施工项目管理一体化

随着建筑行业的发展,施工项目管理的效率和质量成为关注的焦点。在传统的施工项目管理中,施工项目管理一体化是指将项目管理的各个环节与施工作业紧密结合,实现项目的高效、优质、安全和可控的管理方式。它涵盖了项目的计划、组织、协调、监管和控制等方面,将工程项目的设计、采购、施工、验收等环节有机结合,实现项目整体优化。但信息的不完整和沟通的缺乏,往往导致项目进度延误、成本超支和质量缺陷等问题。

2）基于BIM的施工项目管理一体化的新内涵

基于BIM的施工项目管理一体化是通过BIM技术创建一个集成数字模型,使各相关方能够实时共享和协作,并可以实现项目计划管理、资源管理、质量管理、沟通和协作管理和变更管理这五个方面应用的一体化。这将提高施工项目的效率、质量和沟通效果,降低成本和风险。其主要有以下几点应用:

（1）信息共享与协同。通过BIM技术,各个参与方可以在同一个平台上实时共享项目信息,包括设计模型、施工计划、施工进度、材料等,从而促进各方之间的协同工作,减少信息传递的误差和延误。

（2）三维可视化和碰撞检测。模型可以提供三维可视化的施工环境,让项目管理者能够更直观地了解项目进展和问题,同时可以进行碰撞检测,预先发现并解决设计与施工之间的冲突,提高施工效率。

（3）数字化管理和仿真模拟。基于BIM的施工项目管理可以实现数字化的管理和仿真模拟。通过模型,可以对施工进度、资源调配、施工工艺等进行仿真模拟,评估施工方案的可行性,减少风险并优化资源利用。

（4）数据驱动决策。模型中包含大量的数据,通过对这些数据的分析和挖掘,可以为项目管理者提供决策支持。利用BIM技术可以进行成本估算、资源管理、进度控制等,帮助项目管理者做出更准确、科学的决策。

3）基于BIM的施工项目管理一体化的优势

（1）提高工作效率。BIM技术可以提供更准确、详细的设计和施工信息,减少传统图纸和文件的使用,避免信息传递误差和重复劳动,从而提高施工项目管理工作效率。

（2）减少冲突和错误。模型可以进行碰撞检测和冲突分析,预先发现设计与施工之间的冲突,减少在施工过程中发现的错误和问题,提高项目的质量和安全性。

（3）实现资源优化。基于BIM的施工项目管理可以进行资源管理和优化,通过模拟和分析施工过程中的资源利用情况,合理安排施工进度和资源调配,减少资源浪费,提高资源利用效率。

（4）强化沟通和协作。BIM 技术提供了信息共享和协同工作的平台，不同参与方可以实时获取和更新项目信息，促进各方之间的沟通和协作，减少沟通误差和信息断层，提高项目管理的效果。

（5）提供决策支持。基于 BIM 的施工项目管理通过数据分析和挖掘，为项目管理者提供更多的决策支持。可以通过模型进行成本估算、资源管理、进度控制等方面的分析，帮助管理者做出科学、准确的决策，降低了项目风险。

然而，需要指出的是，基于 BIM 的施工项目管理一体化的推广和实施仍面临一些挑战。其中包括技术标准的统一与推广、人才培养与技能提升、信息安全与隐私保护等问题。此外，由于中国建筑行业的庞大规模和复杂性，实施基于 BIM 的施工项目管理一体化需要各方的积极参与和合作，包括政府部门、建筑设计单位、施工企业、材料供应商等，共同推动行业的转型和进步。

3.2.2 项目概况

苏州市鲈乡实验小学流虹校区项目（图 3.5）位于苏州市吴江区流虹路北、滨中路西、永康路南。建筑面积约 6.5 万 m^2，设计使用年限 50 年，建筑耐火等级为一级，屋面防水等级为二级，主要建筑结构类型为框架结构，抗震设防烈度 7 度。

图 3.5 苏州市鲈乡实验小学流虹校区项目实景图

3.2.3 BIM 技术在施工项目管理一体化中的应用

1）项目计划管理

BIM 技术可以与项目计划相结合，实现项目进度的可视化管理。通过将项目计划与模型关联，项目经理可以实时监控项目进度，并进行冲突检测和优化。在设计阶段，模型可以用于空间冲突检测和协调,以减少施工期间的变更和延误(图3.6)。在施工阶段,模型可以用于进度管理和资源分配,帮助项目团队实现精细化的施工计划。

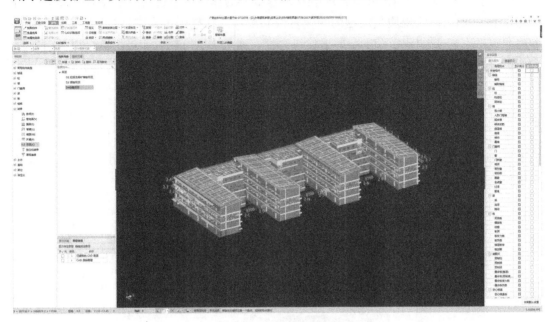

图3.6　项目模型效果图

2) 资源管理

BIM技术可以帮助项目管理者实现有效的资源管理。通过将资源信息与模型集成,可以实现资源的实时跟踪和优化分配。模型可以用于材料和设备的管理,包括物料清单、供应链管理和库存控制。项目管理者可以更好地控制资源的使用和消耗,减少资源浪费和成本(图3.7)。

图3.7　资源管理界面

3）质量管理

BIM 技术在施工项目的质量管理中发挥着重要的作用。通过将质量检查和测试的结果与模型关联，可以实现质量问题的快速定位和解决。在施工过程中，模型可以用于检查和验证施工工艺、质量规范和安全要求的符合性。通过 BIM 技术，项目团队可以及时发现和纠正潜在的质量问题，提高施工质量和客户满意度。

4）沟通和协作

BIM 技术可以促进项目各方之间的实时沟通和协作。通过共享模型，各个相关方可以实时获取项目信息，并进行协调和决策。例如，在设计和施工阶段，模型可以用于展示和沟通项目的设计意图和施工方法（图 3.8）。这样，各方可以更好地理解和共享项目目标，减少误解和争议，提高项目沟通效果和团队合作。

图 3.8　施工工艺视频交底展示

5）变更管理

BIM 技术在变更管理方面的应用是非常重要的。通过模型，可以对变更进行快速评估和影响分析，减少变更对项目进度和成本的影响。在设计阶段，如果发现需要进行设计变更，模型可以迅速反映这些变更，并自动更新相关的图纸和模型。这便于项目团队可以更好地控制和管理变更，避免因变更而引起的不必要的延误和额外成本。

4

参数化应用

4.1 基于 Dynamo 的土方量计算

4.1.1 引言

1) 土方量的计算

土方量计算是土木工程领域中的一个重要计算内容，它是指在土地开挖和土石方工程中，根据开挖或填方的区域面积、纵断面或横断面图等相关数据，计算土壤的体积和质量。土方量计算的准确性对工程的规划、设计和实施具有重要意义。随着计算机技术的发展和应用的普及，土方量计算也得到了很大的改进和提高。在过去，土方量计算通常依靠手工进行，工程师需要根据勘测和设计图纸，使用公式和人工计算的方式进行土方量的估算。然而，这种方法存在精度低、效率低和容易产生误差等问题，严重影响了土方工程的设计和施工效果。这个计算过程中的错误可能会导致项目成本的增加、工期的延长，甚至可能影响到工程的质量。因此，我们需要一种强大的工具来帮助我们进行这些复杂的计算。

2) 基于 Dynamo 的土方量计算的新内涵

Dynamo 最初是由 Autodesk 开发的，它是一种开放源代码的工具，可以在多个平台上运行，包括 Windows 和 Mac。Dynamo 提供了一个强大的 API(应用程序接口)，可以与 Revit、AutoCAD 和 Rhino 等软件集成，使用户能够以可视化方式创建和编辑复杂的建筑和结构模型。Dynamo 是一种基于图形化编程的环境，它使用节点和线条来表示程序的逻辑流程。用户可以通过将节点拖放到工作区来创建程序，然后将它们连接起来以构建逻辑流程。每个节点代表一个特定的操作或功能，例如计算、变量、条件语句和循环等。

在建筑设计领域，Dynamo 可以帮助用户快速创建模型，包括建筑物的结构、构造、机械、电气和管道系统。它还可以用于分析和优化建筑设计，例如在建筑物中创建通风系统，优化能源效率，计算照明等。基于 Dynamo 的土方量计算是利用软件精确创建三维模型并自动计算土方工程量的一种高效方法，它可以帮助我们快速创建复杂的项目地形模型，还可以自动化分析处理数据，提高工作效率和准确性。

3）基于 Dynamo 的土方量计算的优势

Dynamo 的核心优点之一是其灵活性和定制能力。它允许用户创建自定义的数据处理流程，避免了重复性工作，并减少了错误的可能性。在土方量计算中，这种定制能力尤其有用，因为每个项目都有其特定的需求和挑战。同时结合 Dynamo 自身的特性，相较于传统的土方量计算方法，基于 Dynamo 的土方量计算的优势十分明显，主要体现在以下方面：

（1）自动化计算

Dynamo 是一款可视化编程工具，可以自动计算土方量。Dynamo 可以通过编写自动化计算脚本来实现自动计算土方量。与传统手工计算相比，Dynamo 可以大大减少人工计算的时间和精力，提高工作效率。

（2）精度高

Dynamo 可以精确地计算土方量。Dynamo 可以通过编写脚本来计算土方量，避免了手工计算时可能出现的误差。在土方量计算中，精度是非常重要的，因为精度的不同可能会导致土方量计算结果的差异。

（3）可视化结果

Dynamo 可以将计算结果以图形化的方式呈现。这种图形化的结果可以帮助工程师和客户直观地了解土方量情况。此外，这种图形化的结果也可以用于工程报告和演示，使报告更加直观和易于理解。

（4）灵活性

Dynamo 可以根据不同的土方量计算需求进行定制化开发。Dynamo 是一款非常灵活的工具，可以根据不同的项目需求进行定制化开发。这意味着工程师可以根据项目的不同要求进行土方量计算，以满足项目的需求。

（5）与其他工具兼容

Dynamo 可以与其他工具进行集成，如 Revit、AutoCAD 等。这种集成可以使工程师在不同软件之间进行数据交换和共享，方便工程师在不同软件之间进行协作。此外，这种集成还可以提高工作效率，减少重复劳动。

Dynamo 为土方量计算提供了一种强大而灵活的解决方案。通过利用其可视化编程环境，建立详细的 3D 模型，并利用 Dynamo 的算法来分析和计算这些模型，我们可以得到非常准确的土方量数据，有效提高工程项目的效率和准确性，同时降低错误的风险。

4.1.2　项目概况

泰州市人民医院新区医院二期工程（图 4.1）总建筑面积为 59 781 m²，其中地上建筑面积为 39 989 m²，地下建筑面积为 19 792 m²。该工程包括新建学生宿舍、综合楼（科研楼）、健康管理中心、教学与技能培训中心、学术会议中心，以及配套设施用房等。

由于施工场地位于闹市之中，行车路线复杂，因此在施工前期阶段需要重视如何根据准确的土方量来组织土方的运输。土方量的准确计算和合理组织土方的运输对于施工进度和成本的控制至关重要。

在施工前期，需要进行详细的土方量计算。根据设计图纸和地勘报告，结合土方开挖的深度和铺筑的标高要求,可以确定需要开挖或填方的土方量。这样可以为土方运输提供准确的参考依据。根据土方量的计算结果,可以制定合理的土方运输方案。考虑到施工场地行车路线复杂的特点,可以通过制定合理的运输路径和规划运输车辆的进出路线,以最大限度地避免交通拥堵和施工过程中的不便。所以如何精确地计算土方填挖量是本项目完成绿色施工目标的一项重要任务。

图 4.1   泰州市人民医院新区医院二期工程项目效果图

4.1.3   实施流程

1) 技术路线

主要技术路线如图 4.2 所示。首先,需要使用全站仪和水准仪对各点的高程数据进行测量,然后将这些数据输入 Dynamo 中进行计算处理。这个计算过程可以将测量数据转化为三维坐标点,这些坐标点可以用于自动生成项目的开挖前地形平面模型。接下来,使用 Revit 软件建立土方开挖模型,自动计算土方体积数据,以得出土方量。此方法可以有效地提高土方工程量计算的准确性和效率,从而为商务结算提供精准数据。

确定技术路线后,对工作任务进行梳理分配,形成任务分配清单文件并及时更新工作完成情况。通过任务分配清单把工作分配给各个责任人,明确完成工作的时间节点和目标。以任务分配清单为依据,责任到人,相关人员严格按照规定的时间计划完成相应的工作。明确的分工和详细的时间节点计划可以有效提高人员的工作效率,调动相关人员工作的积极性。

另外,每完成一个工作节点后,由公司 BIM 管理部门牵头,联合项目技术部对相关 BIM 工作成果进行检查审核,以保证 BIM 技术应用工作成果质量,并避免可能存在的错误或问题。同时,审核也可以检查是否有任何遗漏或需要进一步优化的地方,以便及时进行调整和改进。

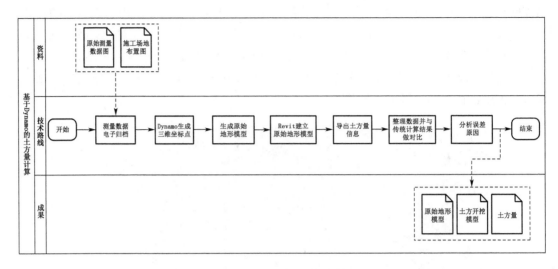

图 4.2　技术路线示意图

2）数据处理

（1）数据采集

为保证数据采集的准确性，测量员要会利用全站仪与水准仪进行测量操作。全站仪可以通过测量地面的坐标和高程数据，实现对点位的快速、精确测量；水准仪则主要用于测量地面的垂直高程差。测量完成后，测量员对测量数据进行整理，形成原土标高测量数据记录，如图 4.3 所示，并将其提交给甲方和监理单位的专业负责人进行复核，以确保测量数据的准确性和可靠性，获得准确的原土标高数据。

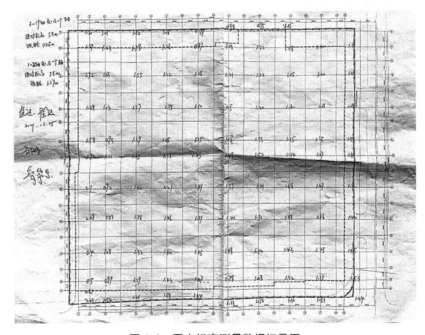

图 4.3　原土标高测量数据记录图

（2）数据整理

数据采集完成后，BIM工作人员会将测量数据转换为电子表格的形式，以方便后续的处理和分析。根据每个测量点的相对位置，工作人员会计算出各个测量点的相对平面坐标，并将其整理到表中（表4.1）。

在表4.1中，横向和纵向的第一列显示了对应测量点的相对平面坐标值。通过这些坐标，我们可以知道每个测量点在平面上的位置关系。坐标的交叉位置则对应该点的测量数据。以左上角的第一个测量点为例，其平面坐标为(0,0)，对应的测量数据为1.3 m。

电子表格记录对于后续的数据分析和建模工作非常重要。通过对测量数据的整理和计算，我们可以准确地描述每个测量点在平面上的位置信息，并将其应用于模型的构建和分析中。

表 4.1　高程点数据

纵轴	横轴									
	0	8 400	16 800	33 600	50 400	67 200	84 000	100 800	117 600	134 400
0	1.30	1.07	1.32	1.08	0.99	0.98	0.95	1.15		
—8 100	1.67	1.63	1.58	1.26	0.97	1.08	1.22	1.28	1.10	1.30
—22 500	1.52	1.03	1.55	1.22	1.08	1.21	1.22	1.05	1.00	1.30
—39 700	1.48	1.13	1.57	1.38	1.10	1.15	1.2	1.12	1.08	1.28
—56 500	1.58	0.93	1.39	1.05	1.15	1.18	1.33	1.35	1.35	1.32
—64 900	1.92	1.32	1.45	1.38	1.43	1.48	1.52	1.44	1.47	1.31
—81 700	2.10	0.92	1.42	1.21	1.41	1.55	1.41	1.48	1.49	1.30
—98 500	2.08	0.88	1.38	1.46	1.51	1.42	1.50	1.48	1.46	1.40
—115 300	0.40	1.08	1.32	1.4	1.45	1.48	1.4	1.43	1.45	1.45
—129 900	0.50	0.99	1.29	1.43	1.47	0.78	1.08	1.32	1.35	1.53
—134 600	0.61									
—143 000	2.63	1.54	1.61	1.68	1.44	1.33	1.50	1.36	1.53	1.44

注表中横轴、纵轴单位为"mm"，其余单位为"m"。

3）原始地形模型创建

（1）提取信息

利用Dynamo的节点组合，将表中的数据导入Dynamo中，并进行转置处理，将坐标信息与高程测量数据进行一一对应，确定每个测点的位置。借助Dynamo的强大功能，我们能够高效地处理和分析大量的测量数据，把坐标信息与高程测量数据一一对应，精确控制每个测点的位置。

首先，我们可以使用"Import Excel"节点读取表中的数据，并将其转化为Dynamo中的数据结构。然后，使用"Transpose"节点将数据行和列进行转置。通过这个节点组合，我们可以确保每个测点的坐标信息与相应的高程测量数据对应起来。转置处理确保了测点的位置信息与高程测量数据的准确匹配(图 4.4)。这使得我们可以在后续的分析和建模工作中正确地使用这些数据。

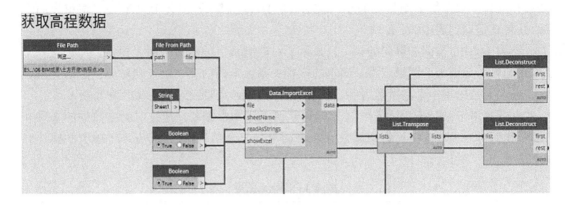

图 4.4　获取高程数据与坐标信息节点图

(2)数据转化

在 Dynamo 中,利用高差法原理,通过计算测点之间的高差,我们可以确定每个测点的实际高程,这样的计算可以准确地反映地形的高程变化,并得到每个测点的真实高程值。将高程值与平面坐标信息相结合,我们可以得到完整的三维坐标数据。Dynamo 节点如图 4.5 所示。

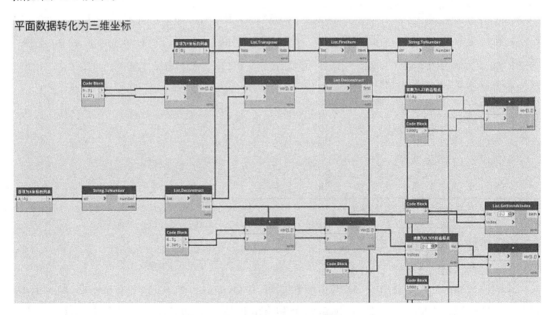

图 4.5　平面数据转化为三维坐标节点图

(3)生成地形

在完成三维坐标信息的转化后,在软件中以三维坐标为基准,将其用于生成三维坐标点,如图 4.6 所示。这样的转化过程可以通过 Dynamo 节点来实现,利用 Dynamo,可以高效地处理和操作大量的数据,并实现复杂的模型生成过程。通过将生成的三维坐标点传递给 Topography.ByPoints 节点,可以根据这些坐标点生成原始地形的模型,如图 4.7、图 4.8 所示。

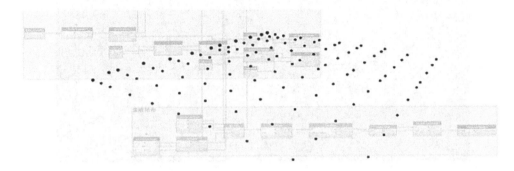

图 4.6 三维坐标点

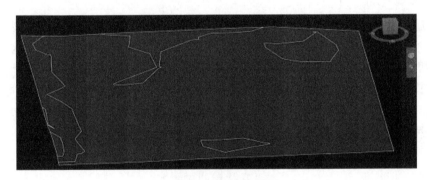

图 4.7 原始地形图

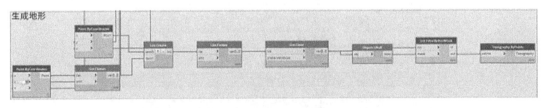

图 4.8 生成原始地形模型节点图

4) 土方开挖模型创建

在建立原始地形模型后,为了计算土方填挖量,需要进一步建立施工所需的土方开挖模型。在建立土方开挖模型的过程中,需要根据实际情况进行细致的建模,并考虑到地形的变化和不规则性。这个过程可以通过 Revit 软件操作来实现。

首先,根据施工场地平面图和土方开挖平面图,确定土方开挖的面积和深度,获取开挖土方的具体情况。这些数据可以帮助 BIM 工程师准确地确定土方开挖的范围和尺寸。然后,在 Revit 软件中,利用图纸所提供的数据参数,建立建筑地坪。通过使用 Revit 中的建模工具和参数设置,可以创建出与图纸相符合的土方开挖模型(图 4.9)。模型可以准确地反映土方开挖的形状、尺寸和变化情况。

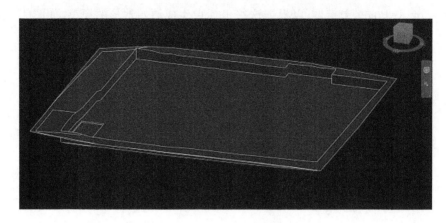

图 4.9　土方开挖模型图

5）土方量统计

在土方开挖模型完成之后，软件会自动比对原始地形模型与土方开挖模型的体积差值，并将差值数据进行统计，综合分析得出详细的土方开挖明细表（图 4.10）。这个明细表能够提供准确的挖土量、填方量、削平面积、坑底面积等参数，帮助工程师和设计师更好地掌握土方工程情况，并且能够在土方施工过程中提供有效的技术参考和数据支撑，使土方施工更加高效、安全和可控。此外，土方开挖明细表也能够为土方工程的清算和评估提供有效的依据，减少人工计算的错误率和时间成本，提高土方施工的精度和质量。

<土方开挖明细表>

A	B	C	D
结构标高/m	挖方量/m³	面积/m²	区域个数
-5.6	99438.42	18905.22	1
-5.6: 1	99438.42	18905.22	1
-6.3	2581.92	357.15	2
-6.3: 2	2581.92	357.15	2
-6.4	462.96	65.61	1
-6.4: 1	462.96	65.61	1
-7.3	109.67	13.00	1
-7.3: 1	109.67	13.00	1

图 4.10　土方开挖明细表截图

6）土方量对比与分析

（1）数据对比

根据从模型中获取到的土方开挖数据，以及使用传统计算方法得出的数据，BIM 工程师将这些数据整理并汇总到表 4.2 中。通过对比这两组数据，可以得出以下结论：传统的土方量计算方法所得到的总土方量比基于 BIM 技术的计算结果要少 3 188.26 m³。这个误差相当于基于 BIM 技术所得到的总土方量的 3.1%。这个结果显示出传统计算方法在土方量估算方面存在一定的偏差。

表 4.2 对比分析表

结构标高/m	开挖面积（传统）/m²	开挖方量（传统）/m³	总开挖方量（传统）/m³	开挖面积（BIM）/m²	开挖方量（BIM）/m³	总开挖方量（BIM）/m³
—5.6	18 899.86	96 823.98		18 905.22	99 438.40	
—6.3	355.74	2 071.50	99 404.69	357.15	2 581.92	102 592.95
—6.4	68.50	405.72		65.61	462.96	
—7.3	16.90	103.49		17.00	109.67	

（2）误差分析

这个差异可能是由于传统计算方法所依赖的数据源和计算过程与基于 BIM 技术的方法有所不同。传统方法可能更加依赖人工测量和手工计算，而 BIM 技术则可以通过更精确的三维建模和数据分析来提供更准确的土方量计算结果。因此，这种差异可能是由传统方法在数据采集和计算过程中存在的人为误差或不足引起的。

这种偏差的存在凸显了基于 BIM 技术的土方量计算方法的优势。BIM 技术可以提供更准确、可靠的土方量计算结果，有助于减少项目中的不确定性，并提高土方工程的效率和质量。通过采用 BIM 技术，工程团队可以更好地规划和管理土方开挖工作，减少资源浪费和成本超支的风险。

然而，需要注意的是，尽管基于 BIM 技术的土方量计算方法在提高精度和减少误差方面具有显著优势，但仍然需要综合考虑其他因素和实际条件来做出最终的土方量计算方式决策。在实际应用中，还应结合工程经验和专业判断，综合考虑土方工程的复杂性和特殊要求，以获得最佳的土方量计算结果。

4.2 基于 Dynamo 的机电出图样板设置

4.2.1 引言

1）基于 Dynamo 技术的机电出图样板

建筑工程中，机电系统的设计和布局是非常重要的一环。传统的机电出图过程比较烦琐且容易出现误差，而基于 BIM 技术的机电出图样板设计则大大提高了出图的效率和准确性。

基于 BIM 技术的机电出图样板是一种预定义的模板，其中包含了很多常用的机电工程符号和标注，如电气符号、管道符号、阀门符号、设备符号、尺寸标注、注释标注等，这些符号和标注都是经过优化和调整的，可以满足机电工程的绘图需求。此外，样板中还包含了常用的线型、文字样式和图层设置，这些元素可以使图纸更加规范和易于维护。机电出图样板还包含了预设的视图样板和视图范围，这些视图包括了机电工程常用的平面图、立面图、剖面图、3D 视图等。用户可以根据需要选择相应的视图样板和视图范围，然后在视图中添加符号、标注等元素来创建机电工程图纸。

机电出图样板可以大大提高工作效率和图纸质量。因为用户不需要手动设置每个元素的属性,而是可以直接使用预定义的元素,从而减少了错误和失误的风险。此外,样板中的元素都是经过优化和调整的,可以满足机电工程的绘图需求,从而提高绘图的质量和效率。

2)基于 Dynamo 的机电出图样板设置的新内涵

基于 BIM 技术的机电出图样板设置中最重要的步骤就是在 Revit 中创建机电系统与过滤器。传统的创建方法需要用户手动新建基于规则的过滤器,并手动选择包含的类别及过滤规则。每次只能够创建一个过滤器,而且添加好过滤器后还需要调整过滤器的显示模式。尽管这种方法能够解决部分机电工程视图样板的创建问题,然而直接手动创建视图过滤器这一方法在机电系统种类较多时的工作量较大,导致创建建筑信息模型所需要的视图过滤器用时较长;而且在创建过滤器之后还需对当前视图的显示模式进行编辑,再次增加了较多的工作量,极大地增加了建筑信息模型的视图过滤器创建难度。在本项目中,专业管线复杂,手动创建过滤器会极大地增加模型创建的难度,影响整体的施工进度。

因此,如何提高机电系统视图过滤器创建效率和便捷性,发现更加智能化的机电工程视图样板的创建方式,实现自动化的视图分类与过滤器设置是提升工作效率的关键。

每个建设项目都是独一无二的,拥有自己的特殊要求和规范。因此,在进行机电出图样板设置时,需要根据具体项目的要求进行相应的修改和调整。由于机电出图样板设置是整个出图阶段的最上游工作,如果这一工作的进度延误,将会直接影响整个出图的进程,因此,寻找一种简单、方便、易操作的机电出图样板设置方法,成为提升机电出图进度的核心点。在使用传统的建模软件时,操作复杂且需要进行多次修改和调整。除了时间和精力的消耗,传统的建模软件还存在着操作难度大、学习成本高等问题。对于一些不熟悉建模软件的人员来说,进行机电出图样板设置会面临很大的挑战和困难。

通过使用 Dynamo 自动化设置机电出图样板,机电工程师可以快速准确地完成工作,减少出图过程中的错误和漏洞,从而为建设项目的顺利进行提供有力的支持。

3)基于 Dynamo 的机电出图样板设置的优势

Dynamo 可以与 Revit 和其他 BIM 软件集成,用于实现各种自动化设计和管理任务。

Dynamo 可以用于自动创建机电工程图纸中的元素,如电气符号、管道符号、阀门符号、设备符号等。用户可以使用 Dynamo 编写脚本来自动创建这些符号,从而减少了手动创建符号的时间和工作量。

同时,Dynamo 还可以用于自动设置机电工程图纸中的元素属性,如线型、文字样式、图层设置等。用户可以使用 Dynamo 编写脚本来批量设置这些属性,从而保证图纸的一致性和规范性。

在机电工程图纸的标注元素上,Dynamo 还可以用于自动标注机电工程图纸中的元素,如尺寸标注、注释标注等。用户可以使用 Dynamo 编写脚本来自动标注这些元素,从而提高标注的准确性和效率。

样板设置完成后,Dynamo 还可以用于机电工程图纸的修改和更新。用户可以使用

Dynamo 编写脚本来批量修改和更新图纸中的元素,从而快速地进行图纸修改和更新。

在机电出图方面,开发人员可以创建自定义程序,通过 Dynamo 的机电模块自动生成各种 CAD 图像和文本工作单,从而提高工作效率和图纸质量。

基于 Dynamo 的机电出图样板设置可以使烦琐复杂的样板设置修改工作,转换成简单易操作的工作,从而大幅度提高工作效率和图纸质量。

4.2.2　项目概况

新疆那拉提游客服务中心项目(图 4.11)是一座地处风景优美的旅游景区的综合性游客服务中心,位于新疆伊犁哈萨克自治州那拉提旅游景区,地理位置优越,东临伊犁河谷。该项目总建筑面积达到 2.86 万 m^2,建筑结构形式为钢框架结构,地上共三层。作为国家专项债券项目,该项目备受国家发改委与财政部的高度重视。该游客服务中心集旅游、观光、车站、商业于一体,为游客提供全方位的服务,是新疆旅游业发展的重要支撑,同时,该项目还是中亚 5 国部长会议定点酒店,具有重要的国际意义。

图 4.11　新疆那拉提游客服务中心项目效果图

4.2.3　实施流程

1) 应用流程

本项目作为一项集旅游、观光、车站、商业于一体的公共建筑,所涉及的机电专业繁多,需要创建大量的管线系统与过滤器显示,如图 4.12 所示。在进行 Dynamo 节点编写前,需要结合本项目的实际情况制定合适的实施计划。

为了更好地将图纸用于项目的具体实施中,需要按照《江苏省民用建筑信息模型设计

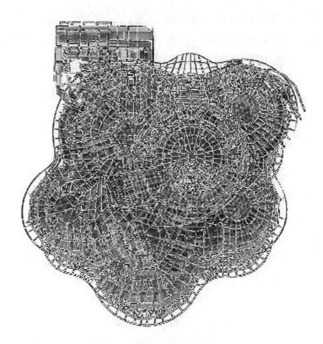

图 4.12　机电管线示意图

应用标准》(DGJ32/TJ 210—2016)对各类专业的管线、设备进行数据的分拣与整理,以确保管线命名与 RGB 数据符合标准要求。基于分拣完成的数据,可以创建项目中所需的各类系统,并根据项目实际情况对生成的系统进行复核校对,以确保其准确性和完整性。图 4.13 为基于 Dynamo 的机电出图样板设置的流程图。

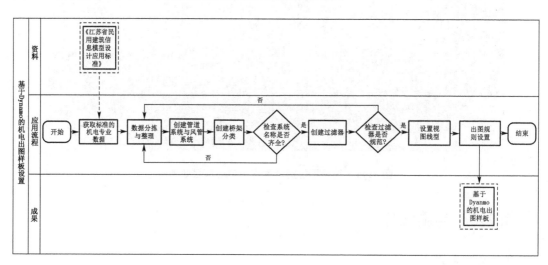

图 4.13　应用流程示意图

机电系统创建完成后,根据系统名称和对应的 RGB 数据创建视图过滤器。过滤器生成后,需要与标准数据进行对比,以确保颜色设置的准确性。此过程确保了图纸中各个系统在视图中的正确呈现,并使其符合特定标准。

在系统和过滤器全部创建完成后,还需要对样板中的出图线型进行设置。结合标准数据,为各类管线创建相应的线型和颜色,用以进一步丰富图纸的表现效果。线型设置能够提高图纸的可读性和美观度,有效传递设计图纸所需表达的信息。

最后,还需要在输出图纸的界面上进行导出设置,以确保样板出图符合规范性和实用性要求,这使机电出图样板能有效地用于实际项目的具体实施中,从而提高工程的质量和效率。

2)数据分拣

Revit 机电建模标准对机电系统相关数据的系统分类、系统名称和颜色 RGB 数值等信息的整理和管理提出了明确的要求,以确保机电建模的准确性和一致性。通过使用 Excel 表格工具对机电建模标准数据进行分类、整理、编辑和更新,实现数据的高效管理和共享,之后将机电建模标准数据导入 Dynamo 中。

在导入机电建模标准数据之后,需要对导入的数据进行正确的筛选和转置。Dynamo 中的 Transpose 节点可以将 Excel 表格中的行转换成列,使得数据更加规整、易于管理。

通过两个阶段的数据分类与整理,可以大大提高机电建模数据的准确性和可靠性,从而提高整个机电设计流程的质量和效率。机电工程师可以更加方便、快捷地管理数据,为后续的机电建模工作提供更为准确、高效和便捷的数据支持,从而提高建模质量和效率,实现机电系统设计的优化和升级(图 4.14)。

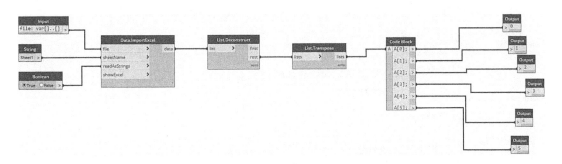

图 4.14　数据分拣节点截图

3)系统生成

在数据分拣完成后,需要运用这些数据创建相应的管道系统和风管系统。为了提高工作效率,使用代码创建自定义节点,提取 Excel 表格中的系统分类和系统名称,并在 Revit 软件中生成相应的管道系统和风管系统。通过自定义节点的使用,可以快速、准确地将数据转化成 Revit 模型中的管道系统和风管系统。

创建自定义节点时,可以根据实际需求选择不同的参数和输入方式,以适应不同的机电建模需求。通过这种方式,机电工程师可以更加高效地完成机电建模任务,同时也可以提高整个机电设计流程的质量和效率。

不过,在处理电缆桥架时有一些特殊情况需要考虑。由于在 Revit 软件中,电缆桥架缺乏系统分类,无法直接生成对应的系统。因此,需要通过自动复制电缆桥架族的方法来实现系统创建。这一方法可以很好地解决电缆桥架所面临的问题,使其能够正常地加入管道系统和风管系统中(图 4.15)。

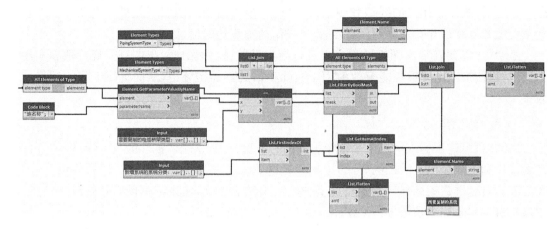

图 4.15　各专业系统生成节点截图

4) 过滤器生成

系统创建成功后,利用 Parameter. ParameterByName 节点获取系统名称参数,同时利用 FilterRule. ByRuleType 节点设置过滤器规则以创建过滤器(图 4.16)。

创建自定义节点,读取过滤器中的名称参数,以创建相同类型名称的管道和风管族类型。将分拣出的数值输入 Color. ByARGB 节点中,生成与系统一一对应的颜色。

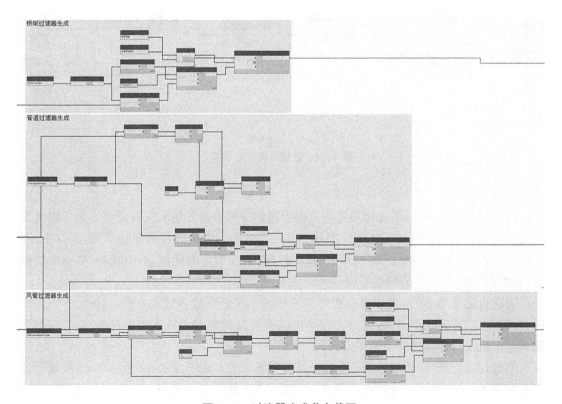

图 4.16　过滤器生成节点截图

使用 OverrideGraphicSettings. ByProperties 节点设置过滤器中的图元显示模式。

过滤器的视图选择通过列表功能实现,将过滤器规则与颜色替换节点输入至 View. SetFilterOverrides 节点,以设置过滤器替换。

之后打开 Dynamo Player 并加载要设置完成的 dyn 文件,点击"运行"按钮,Dynamo Player 将开始执行 dyn 文件中的操作。在执行 dyn 文件的过程中,Dynamo Player 将自动创建所需的各专业系统,例如机械、电气、管道等。这些系统将根据 dyn 文件中定义的参数进行设置,并根据需要创建相应的过滤器。在系统和过滤器创建完成后,Dynamo Player 将自动保存所有更改并关闭。

5)视图线型的设置

在视图过滤器创建完成后,我们还需要对出图样板的线型进行设置,以使其更加丰富多样。线型的设置包括选择不同的线条样式、线宽和颜色等。通过调整线型,我们可以让图像呈现出更加清晰、有层次感的效果,从而有效地传达所需的信息。此外,还可以根据具体的需求,为不同的元素或对象添加特定的线型,以突出重要部分或营造特定的视觉效果。

在 Dynamo 中,由于没有专门用于编辑线型的节点,因此需要 BIM 开发工程师创建自定义节点来解决这个问题。如图 4.17 所示,通过自定义节点,我们可以将出图所需的 RGB 数据和线型样式作为参数传入,从而生成所需的线型。这样,我们就能够根据具体的需求,自定义线型的样式、宽度和颜色等属性。通过 BIM 开发工程师的技术支持,我们能够充分发挥 Dynamo 的功能,实现对线型的灵活编辑,为我们的出图工作提供更多选择和可能性。

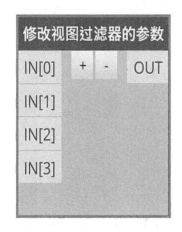

图 4.17　自定义节点和代码截图

6)出图规则设置

为了更好地将图纸用于项目的具体实施中,还需要对出图规则进行设置(图 4.18)。出图规则的设置包括标准化的图框、符号和尺寸等的设置。通过对机电出图样板的出图规则进行设置,可以确保图纸在实际施工过程中的准确性和可靠性,减少错误和纠错的时间和成本。这样,项目团队可以更好地利用图纸进行项目的具体实施,减少沟通和解释的困扰,提高工作效率以及工程的质量和效益。

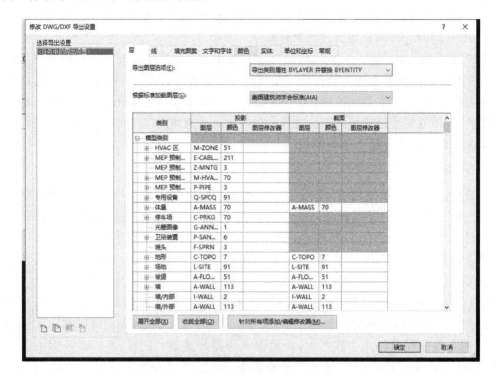

图 4.18　出图规则设置

5

仿真性应用

5.1 基于 BIM 的建筑性能分析

5.1.1 引言

1)建筑性能分析

建筑性能分析是用一个简化的计算机模型来预测建设项目的景观可视度、日照、风环境、热环境、声环境等性能的行为。

(1)自然采光模拟分析。分析相关设计方案的室内自然采光效果,通过调整建筑布局、饰面材料、围护结构的可见光透射比等,改善室内自然采光效果,并根据采光效果调整室内布局布置等。

(2)室外风环境模拟分析。改善住区建筑周边人行区域的舒适性,通过调整规划方案建筑布局、景观绿化布置,改善住区流场分布、减小涡流和滞风现象,提高住区环境质量;分析大风情况下,哪些区域可能因狭管效应而引发安全隐患等。

(3)建筑环境噪声模拟分析。计算机声环境模拟的优势在于,建立几何模型之后,能够在短时间内通过材质的变化、房间内部装修的变化,来预测建筑的声学质量,以及对建筑声学改造方案进行可行性预测。

(4)小区热环境模拟分析。模拟分析住宅区的热岛效应,采用合理优化建筑单体设计、群体布局和加强绿化等方式削弱热岛效应。

(5)室内自然通风模拟分析。分析相关设计方案,通过调整通风口位置、尺寸、建筑布局等改善室内流场分布情况,并引导室内气流组织有效的通风换气,改善室内舒适情况。

一般项目很难有时间和费用对上述各种性能指标进行多方案分析模拟,BIM 技术为建筑性能分析的普及应用提供了可能性。

2)基于 BIM 的建筑性能分析的新内涵

大多数传统技术都是基于几何建模的,不同应用系统之间的数据交换主要通过 IGES(初始图形交换规范)、DXF(图形交换文件)等图形信息交换标准来实现。可以传递和共享的只有工程的几何数据。因此,在实际应用中,往往需要根据不同分析软件的需求建立不同的模型。对于同一建筑,必须针对不同的应用进行多次描述。对于一般的建筑设计,整个工作耗时且成本高昂。BIM 大大改善了这方面的工作,因为模型是一个集成的、丰富的建筑信息化建设模型,大量的应用可以直接建立在模型本身上,而不需要进行大量的额外工作。

以 Revit 为例,建筑性能分析的多个方面直接应用到模型本身。例如,Revit 支持 gbXML(绿色建筑扩展性标志语言)标准,这是一个专门为绿色建筑设计和评估定义的 XML 应用程序。gbXML 结构描述和定义了建筑空间和维护结构等元素,可用于 GeoPraxis 的绿色建筑工作室在线服务。这样,一旦在设计过程中建立了模型,就可以通过网络提交到各地的在线服务网站,并通过其对能耗和负荷数据的反馈来修改设计。BIM 高度集成的数据模型为不同的专业应用提供了一致的数据应用接口,使不同的专业在设计时可以在一致的接口和平台上工作,从而最大限度地提高模型的使用效率。

利用 BIM 技术可以模拟建筑在各种自然环境下的性能,从而为设计师提供更加可行和灵活的解决方案。例如,建筑物可能面临风、地震、暴雨等连续的地质因素,或土壤、洪水等水文因素。此外,BIM 技术可以用来模拟建筑在不同环境下的性能,如火灾或地震。这样,设计人员就可以在确定最优设计方案的基础上对建筑的各项性能指标进行测量,从而更好地保证建筑的安全性。

另外,通过利用 BIM 技术,专业人员可以将建筑结构从原来的设计状态转化为有用的、完整的三维模型,并利用数据库管理系统收集、更新和及时保存建筑结构性能和参数的变化信息,以便在建筑工程中及时纠正建筑性能的异常情况,并将这些变化反映在施工图中,从而提高施工图的质量。此外,BIM 技术可用于检查建筑物的性能,预测其变形速率、地震破坏程度等,以便及时修复建筑物损坏,避免进一步损坏。建筑性能分析还可以分析建筑与环境之间的相互作用,有效地节约能源和资源,最大限度地提高建筑的舒适度、建造效率和可持续性能。最后,BIM 技术还可以用于分析建筑内部空间的分布、布置、装饰、材料使用等,从而考察建筑内部空间利用效率的变化和改进方案。例如,它可以检测空间的能见度和舒适度,空气和声音污染的程度以及建筑内部是否存在人流过多与温度不平衡之间的矛盾。

3) 基于 BIM 的建筑性能分析的优势

目前,BIM 技术被用于建筑性能分析,如能耗分析、日照分析、采光分析等。这些分析结果可以为方案阶段的设计提供指导。修改方案后,可以随时对模型进行重新分析。

(1) 采光模拟。建筑采光条件包括增设通风系统、室内照明、外墙保温、室内采暖、建筑热能等墙、柱、梁等系统受力的安全性。在建筑物实际建成之前,无法对这些情况进行物理调查,但在 BIM 软件中通过计算模拟和分析这些性能是否能满足要求,得到的数据是非常可靠的。

(2) 建筑声环境分析。建筑施工会对周边环境产生影响,主要包括交通污染和噪声污染。模型与 GIS 系统集成,通过对施工现场周边交通状况、居民楼分布、居民占用状况的分析,利用 BIM 技术模拟研究降噪策略。通过合理安排施工时间,控制施工车辆进出,将施工对周边地区的影响降到最低。

（3）室内照明分析。在建模过程中，可以在建筑物中放置照明灯具，在放置此灯具时，需要对灯具的参数进行选择和设置。在设计过程中放置大量灯具后，自动输入建筑内部的照明信息。将这些数据导入照明分析软件，完成对这部分的性能分析。一旦这些灯被修改，就不需要手动修改这些照明参数，这些参数将随设计变化而变化。设定特定的照明时间，可以分析特定时间办公室内部的自然光强度。

（4）动态热模拟。建筑动态热模拟主要利用BIM软件强大的分析能力，分析建筑与外部环境之间的能量传递，例如热能、风能等。基于BIM软件进行建筑设计，建立建筑本身的三维可视化信息模型，收集和分析内外部数据。例如，计算太阳对工程的整体辐射，建筑结构的导热系数影响全年暖通设备的能耗，并以此为基础制定设计方案和设备选型方案等。这一功能是建筑节能的重要工具。

（5）能耗分析。基于CAD二维设计的可持续设计，在整个项目设计周期中使用二维图纸，信息集成水平较低，所建立的模型具有较低的协调性。目前，在中国传统的建筑设计中，大部分的能耗设计是在施工图阶段之后，甚至在施工过程中进行的。如果设计方案有问题，将会造成很大的麻烦。目前，在二维图纸的设计中，主要通过PKPM等方法进行能耗分析，该软件基于CAD图纸建立模型，但可能存在模型精度不高的情况。

使用BIM软件进行仿真，可以避免因模型精度低而导致的计算不准确问题。模型具有高度的信息集成度，这有利于建筑性能分析数据的获取和对比。

5.1.2　项目概况

泰兴市中医院（北院）妇幼保健院新建项目（图5.1）是国家中医药管理局重点扶持项目，投资总额6.114 562亿元，总建筑面积11.990 5万m²。

图5.1　泰兴市中医院（北院）妇幼保健院新建项目效果图

5.1.3 实施流程

1）整体策划

基于 BIM 的建筑性能分析宜从方案阶段开始介入，对项目功能、成本影响较大，从长远看，能为项目带来明显的正效益。本项目从初步设计阶段应用 BIM 进行建筑性能分析，主要从 4 个方面入手：日照分析、采光分析、辐射分析、阴影分析。BIM 建筑性能分析之前需要做以下工作：

（1）分析模型或创建模型；

（2）数据交互；

（3）建筑性能分析。

本项目模型为 Revit 创建，通过 Revit 自带格式转换 DXF，导入性能分析软件 Ecotect 中进行分析。为保证此工作的有序性及规范性，在工作开始之前制定了完整的工作流程。具体工作流程如图 5.2 所示。

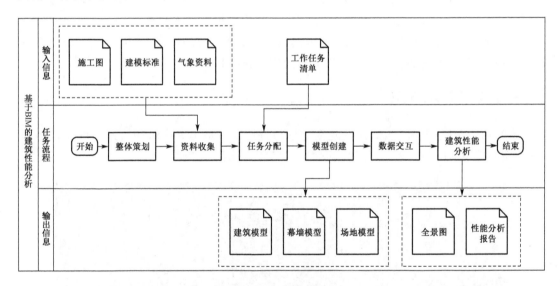

图 5.2　工作流程示意图

确定流程后，对工作任务进行梳理分配，形成任务分配清单文件并及时更新工作完成情况。以任务分配清单为依据，责任到人，相关人员严格按照规定的时间计划完成相应的工作。明确的分工和详细的时间节点计划可以有效提高人员的工作效率，调动相关人员工作的积极性。每完成一个工作节点后，由公司 BIM 管理部门牵头，联合项目技术部对相关 BIM 工作成果进行检查审核，以保证工作按时且高效地完成。

2）资料收集

本次建筑性能分析目标为项目整体，主要包括日照分析、采光分析、辐射分析、阴影分析。需要的资料包括：

（1）建筑施工图；

（2）泰兴本地气象资料；

（3）设计变更；

（4）洽商单；

（5）公司建模标准；

（6）其他相关标准或设计文件。

资料收集前应认真梳理从模型创建到得出分析结果这个过程涉及的工作，根据工作类型整理出资料类型。本次资料交接主要由 BIM 项目负责人对接项目技术负责人，由项目技术负责人在规定的截止时间之前发送以上资料文件；BIM 项目负责人收到文件后交给相应的 BIM 工程师，由 BIM 工程师负责检查资料的完整性、准确性。BIM 工程师收到资料后需要认真阅读资料文件，找出图纸中的问题，整理成问题集发给项目部。

3）创建模型

资料收集和任务分配之后的工作就是模型创建（图 5.3）。根据建筑性能分析的类型总结得出本项目需要创建的模型类型为建筑模型、幕墙模型、场地模型。三者应基于同一基点，遵循同一建模标准创建。

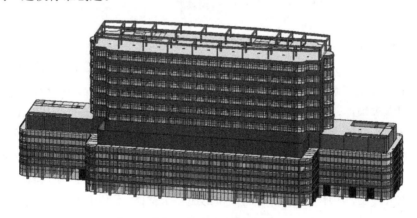

图 5.3　Revit 模型截图

（1）建筑模型：建筑模型应表达出建筑的外立面、内部功能空间。在外立面中应包括门、窗、凸出外墙的装饰板，门窗的尺寸、底部标高应与施工图纸保持一致，门窗数量不能够缺少；在内部功能空间中应包括各类型的房间布局，房间的墙体位置，房间宽度、深度应与图纸保持一致。

（2）幕墙模型：幕墙模型应表达出幕墙的外轮廓，其外轮廓的弧度、宽度、高度应与图纸保持一致；幕墙模型与建筑模型的定位位置应保持一致。

（3）场地模型：场地模型应准确定位建筑之间的平面位置关系、高程关系；模型中应包括除本项目建筑之外的周边建筑群，周边建筑的高度、轮廓、位置关系应与实际建筑保持一致（图 5.4）。

建筑模型、幕墙模型应通过链接的方式链接到场地模型中。

图 5.4　模型效果图

4）数据交互

Revit 模型可导出的格式有 DWG、DXF、IFC、FBX、DAE、gbXML 等（图 5.5）。IFC、DAE、gbXML 导出的模型线型较多，构件过于详细，存储信息过多，导入 Ecotect 软件中难以分辨清楚门窗等构件，不利于工作的开展，而且经常导致软件崩溃；而 DWG、DXF 格式导出的模型线型较为简单，能够较为清晰地区分门窗构件，同时模型体量比较小，不至于导致软件崩溃。本项目体量较大、门窗非常多，所以综合来看，采用的方式是将创建的 Revit 模型在三维模式下导出成 DXF 格式，然后打开 Ecotect 软件，将格式数据导入软件中，导入时要注意勾选打散模型，否则导入后所有的模型形成一个整体，不利于进行分析。

图 5.5　Revit 转换格式

5）建筑性能分析

本项目建筑性能分析包括日照分析、采光分析、辐射分析、阴影分析。其中,气象资料选用从泰兴本地气象站收集的气象资料,日照分析、采光分析选择冬至日 12 时—14 时为模拟时间,辐射分析、阴影分析选择全天时间段进行分析。各项分析完成后形成相应的性能分析报告。本项目建筑性能分析操作流程如下:

（1）导入模型:Revit 模型导入 Ecotect 软件中,要注意将整体模型分解。

（2）布置网格:根据不同分析对象,在相应对象上布置网格,建筑性能分析计算的前提是网格已经布置。

（3）分析计算:进行日照分析计算、采光分析计算、辐射分析计算、阴影分析计算。

（4）导出报告:计算完成后,截图导出计算分析报告。建筑性能分析结果如图 5.6 所示。

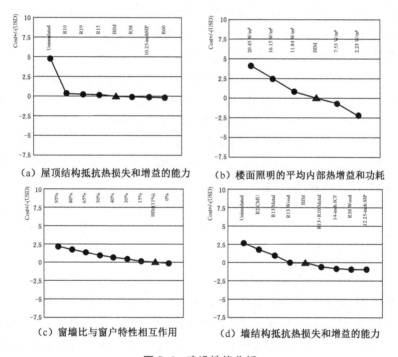

（a）屋顶结构抵抗热损失和增益的能力　　（b）楼面照明的平均内部热增益和功耗

（c）窗墙比与窗户特性相互作用　　（d）墙结构抵抗热损失和增益的能力

图 5.6　建设性能分析

5.2　基于 BIM 的投标方案模拟

5.2.1　引言

1）投标方案模拟

投标方案模拟是指在进行施工项目投标前,利用计算机辅助工具对项目投标方案进行模拟和分析,以评估投标方案的可行性和效果。通过建立项目的虚拟模型和仿真分析,投标方案模拟可以帮助投标方在投标策略制定阶段进行决策支持,预测项目执行过程中的各种情况和结果,以提高投标的成功率和竞争力。并且在投标控制环节,准确和全面的工程量清单是招投标的核心,利用 BIM 可以精确地提取工程量计算所需的物理和空间信息。借助这些信息,计算机可以快速对各种构件进行统计分析,从而大大减少根据图纸统计工程量带来的烦琐的人工操作和潜在错误,在效率和准确性上得到显著提高。

在政策上,国家和各地政策也在倾斜,BIM 技术成为招投标加分项。目前,我国基于 BIM 的招投标系统是在传统的电子招投标系统基础上增加了 BIM 相关内容,如 BIM 施工模拟、BIM 场地布置、BIM 施工进度等。因此,在评标过程中,合理分配相关权重和分数对评标结果有着重大影响。

2) 基于 BIM 的投标方案模拟的新内涵

综合性模拟:基于 BIM 的投标方案模拟不仅仅模拟施工过程,还可以综合考虑项目的设计、施工、运营等方面的因素。通过模型的建立和数据的嵌入,可以模拟和分析投标方案在全生命周期内的影响和效果,为投标方提供更全面的决策依据。

多维度分析:基于 BIM 的投标方案模拟可以进行多维度的分析,包括进度计划、资源调配、成本估算、碰撞检测等方面。通过对模型中的数据进行分析和挖掘,可以评估投标方案的可行性,优化资源利用,减少冲突和错误,并提供相应的预测和建议。

可视化展示:基于 BIM 的投标方案模拟可以以可视化的方式展示投标方案的效果和特点。通过三维模型和动态演示,投标方可以直观地展示其方案的优势和创新点,帮助评标委员会更好地理解和评估投标方案。

数据驱动决策:基于 BIM 的投标方案模拟通过数据分析和模拟仿真,为投标方提供数据驱动的决策支持。投标方可以利用模型中的数据进行成本估算、资源优化、施工计划制定等方面的分析,以制定科学、可行的投标策略。

3) 基于 BIM 的投标方案模拟的优势

在施工现状中,基于 BIM 的投标方案模拟相较于传统投标方案模拟具有以下优势:

更全面的模拟分析:基于 BIM 的投标方案模拟可以综合考虑设计、施工和运营等多个方面的因素,进行全生命周期的模拟分析。相比传统模拟方法,基于 BIM 的投标方案模拟可以更准确地评估投标方案的可行性,帮助投标方更全面地了解项目的风险和机遇。

提升决策质量:基于 BIM 的投标方案模拟通过多维度的分析和可视化展示,提供了更丰富的信息和决策依据。投标方可以基于准确的数据和模拟结果进行决策,降低决策的主观性和盲目性,从而提高决策的质量和准确性。

降低风险和成本:基于 BIM 的投标方案模拟可以帮助投标方预测项目执行过程中可能出现的问题和风险,并采取相应的预防措施。通过模拟分析,可以发现并解决设计冲突、施工难题等问题,减少项目变更和修正,降低风险和成本。

提高竞争力:基于 BIM 的投标方案模拟可以提供更具创新性和可视化效果的投标方案展示。投标方可以利用模型和动态演示展示其方案的特点和优势,与传统纸质投标书相比更具吸引力和说服力,提高了投标方案的竞争力。

促进合作与协调:基于 BIM 的投标方案模拟提供了一个共享平台,投标方可以与设计方、施工方等各方进行协同工作和信息共享。通过共同参与模拟分析,各方可以共同优化方案,提高协作效率,促进合作关系的建立和发展。

基于 BIM 的投标方案模拟相较于传统投标方案模拟在国内建筑行业招投标中具有明显的优势。它通过更全面的模拟分析、准确的数据驱动决策、降低风险和成本以及提高竞争力等方面的优势,为投标方提供了更科学、精确的投标决策支持,有助于提升投标方案的质量和竞争力。

5.2.2　项目概况

春晖初中新建工程,位于泰州市海陵区春晖路以东、春兰路以西、老通扬河以南、梅兰东路以北区域内,本项目为 16 轨 48 班初级中学,总建筑面积为 44 559 m^2,其中地上建筑面积 30 032 m^2、地下建筑面积 14 527 m^2。包括教学楼、行政楼、图书馆、实验楼和大报告厅、小报告厅、食堂和风雨操场、辅助用房以及一层地下室。项目效果图如图 5.7 所示。

图 5.7　春晖初中新建工程项目效果图

5.2.3　应用形式

1) BIM 实施的要求

在建设工程的招标文件中,明确中标后 BIM 实施的要求。投标人基于招标人的要求,在编制投标文件时,在专项方案中增加 BIM 相关章节,以实施方案策划书的形式呈现。

2) 依据图纸进行建模

在建设工程的招标文件中,规定除了常规的标书文件(技术标、商务标)外,投标人需要基于招标人给的图纸进行建模,提交模型源文件以及 BIM 衍生物(如深化设计、漫游、材料统计等)。

3) 规定制作 BIM 标书

在建设工程招投标文件中,规定制作 BIM 标书。要求将评标过程的各项评审点集成到模型上,通过模型来展示投标方案。

BIM 招投标是以模型为基础,集成进度、商务报价等信息,动态可视化呈现评标专家关注的评审点,提升标书评审质量和评审效率,帮助招标人选择最优中标人的招投标方法。

5.2.4 实施流程

1) 建立模型

本工程项目用 Revit 2018 建立三维模型后,模型准确地反映了设计要求、空间布局、结构和设备等细节(图 5.8)。然后利用广联达 GFC for Revit 将 Revit 所建立的建筑和结构模型导出为广联达土建算量软件可以读取的模型。通过 GFC 直接将 Revit 设计文件转化成算量文件。基于精细模型导出的准确工程量能够帮助投标者在评估项目时有更加准确的参考,能够更加精准、快速地进行价格评估,而不是在评估阶段进行大量的参数评估,从而帮助投标者正确地估算投标的总成本。

图 5.8 场布临设模型

2) 模拟和分析

利用模型进行各种模拟和分析,例如结构分析、能耗模拟、人员流动模拟等(图 5.9、图 5.10)。这些分析可以评估方案的可行性,优化设计,并发现潜在的问题和风险。

图 5.9 人员流动模拟模型

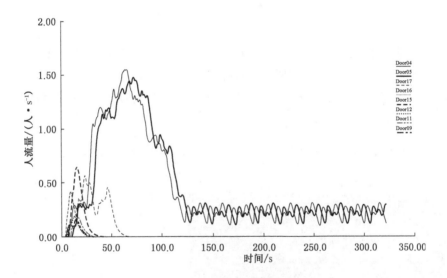

图 5.10 逃生出入口人流量动态图

3) 优化设计方案

本项目是 EPC(设计采购施工总承包)工程,所以招标文件所提供的是初步设计图纸,投标方要利用 BIM 技术根据模拟和分析的结果,进行方案的优化和调整。例如本项目通过结构分析找出优化结构方案的方式,通过能耗模拟改进节能设计,通过人员流动模拟优化空间布局等(图 5.11)。

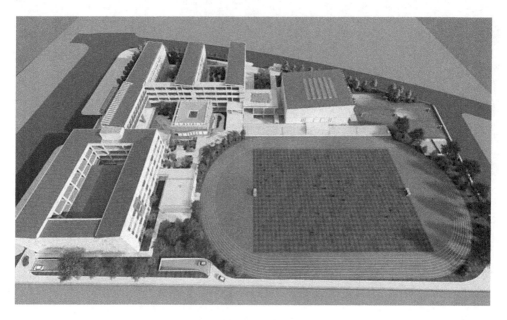

图 5.11 项目最终造型效果图

4）BIM5D 模拟

利用模型,制定详细的施工工序、施工时间和资源计划(图 5.12)。通过模拟施工过程,可以发现并解决施工中的冲突和问题,提前预防和规避潜在的施工风险。将优化后的方案以三维、动态的方式展示给客户和评审团体。通过展示方案的外观、内部布局、施工过程等,提升方案的可理解性和吸引力。

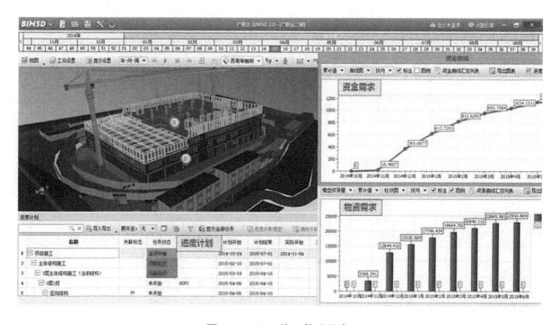

图 5.12 BIM 施工管理平台

5) 数据交流与协作

与团队成员、设计师和承包商等进行紧密的数据交流和协作。通过 BIM 平台共享信息、提出建议和解决问题,实现全程的协同工作,确保方案质量的一致性和完整性。不同专业的模型通过 BIM 集成技术进行多专业整合,并把不同专业设计图纸、二次深化设计、变更、合同、文档资料等信息与专业模型构件进行关联,能够查询或自动汇总任意时间点的模型状态、模型中各构件对应的图纸和变更信息,以及各个施工阶段的文档资料。

5.3 基于 BIM 的装饰装修模拟

5.3.1 引言

1) 建筑的装饰装修

建筑的装饰装修是建筑设计的重要组成部分,它不仅可以提高建筑物的美观程度,还可以为建筑物增添个性化和艺术化的元素。建筑物的外观是人们第一时间接触到的,因此装饰装修可以帮助建筑物更好地与周围环境相融合,并提高人们对建筑物的印象。

装饰装修还可以提高建筑物的使用价值。在商业建筑中,适当的装饰装修可以提高客户满意度和忠诚度,进而增加营业额和利润。在住宅建筑中,适当的装饰装修可以提高房屋价值,并吸引更多的潜在买家。

装饰装修还可以提高建筑物的舒适度。在住宅建筑中,适当的装饰装修可以创造一个舒适、温馨、个性化的家居环境,提高居住者的生活质量。在商业建筑中,适当的装饰装修可以为客户提供一个舒适、愉悦、轻松的购物或工作环境。

2) 基于 BIM 的装饰装修模拟的新内涵

基于 BIM 的装饰装修模拟是指使用 BIM 技术来模拟和预测建筑装饰装修方案的过程。

BIM 技术可以将建筑设计和施工过程中的各个方面集成到一个模型中,包括建筑物的几何形状、材料、施工和运营信息等。基于 BIM 的装饰装修模拟可以帮助团队更加直观地了解装饰装修元素对建筑物整体外观和功能的影响。在模型中,可以对装饰装修方案进行多角度、多维度的分析和评估,例如光照、通风、空间布局等,以确定最佳的装饰装修方案。在早期阶段识别和解决潜在的问题,避免在后期施工和运营中出现不必要的成本和时间浪费。

此外,基于 BIM 的装饰装修模拟还可以提供更多的选择。模型可以快速地测试和比较不同的设计方案,并根据客户和利益相关者的反馈进行修改和调整,以确保最终的设计方案符合他们的需求和期望。

3) 基于 BIM 的装饰装修模拟的优势

基于 BIM 的室内装饰装修模拟技术是目前室内设计领域中的一项重要创新,它可以实现数字化设计、自动化生产和智能化管理,为室内装修带来了前所未有的灵活性和精确性。无论是开发商还是项目的实施者都可以从中受益。

对于开发商而言,通过室内装饰装修模拟技术,业主可以更加全面地了解装修效果,包括颜色、材料、灯光和家具等元素的搭配效果。同时,他们还可以实时感受房间的氛围和舒适度,以及不同材料和颜色对室内空间的影响。这种模拟技术可以让甲方更加深入地了解整个装修过程,从而更好地参与到决策中来,提高他们的满意度和信任度。

对于项目的实施者而言,基于 BIM 的装饰装修模拟能有效地减少装饰装修过程中产生的不必要的纠纷,利用模型的可视化特性,实施团队之间可以更加清晰地沟通和理解彼此的想法,避免因为沟通不畅而导致的误解和矛盾。基于 BIM 的装饰装修模拟技术,可以帮助施工参与者更加清晰地了解整个施工过程,从而更好地规划和优化施工进度计划。基于 BIM 的装饰装修模拟,可以模拟出整个施工过程中可能出现的潜在问题和瓶颈,从而提前找出并解决这些问题。这种前置处理可以避免在后期装修过程中出现施工问题和成本浪费,提高施工质量和效率。

此外,基于 BIM 的装饰装修模拟技术还可以实现多方协同。基于模型,不同施工参与者可以在同一平台上进行协作和沟通,从而更好地协调各方的工作,提高施工效率和质量。这种协同可以帮助施工参与者更好地了解整个施工过程中的细节和要求,从而更好地完成各自的工作。

随着基于 BIM 的装饰装修模拟技术的不断发展和应用,未来的室内设计和装修行业将会迎来更加广阔的发展前景。数字化、自动化和智能化的趋势将会成为行业发展的主要方向,整个行业将会从传统的管理模式向科技创新转型。这种转型不仅可以提高整个行业的效率和质量水平,还可以为施工参与者提供更加高效快速的施工方法,为建筑物的使用者们提供更加舒适、健康和智能的建筑环境。

5.3.2 项目概况

南京正太中心科研办公项目(图 5.13)是一座现代化的综合性建筑,位于南京市建邺区河西中央商务区,是该区域的标志性建筑之一。该项目建筑面积约 9.06 万 m^2,由一个裙房和两个塔楼组成,地上 23 层,地下 2 层,总高度达到 99.98 m。该建筑采用框剪结构,具有良好的抗震性和稳定性,能够有效地保障建筑物的安全。

南京正太中心科研办公项目的设计充分考虑了使用者的需求和舒适性。建筑内部空间布局合理,光线充足,通风良好,为使用者提供了一个舒适、健康的工作环境。此外,该项目还配备了现代化的设施和设备,包括智能化的安防系统、高速电梯等,为使用者提供了更加便捷和高效的服务。

图 5.13　南京正太中心科研办公项目图

5.3.3　实施流程

1）应用流程

本项目的装饰装修采用了先进的 BIM 技术，建立了详细的模型。这种技术不仅能够为项目提供全方位、细致入微的数据支持，还能使得项目各个阶段的设计、建造和运营过程高度集成和协调。通过 BIM 技术的可视化特性，项目团队可以从项目的设计阶段开始，对建筑的装饰装修进行优化和改进，从而提升整体质量。项目装饰装修的应用流程，如图 5.14 所示。

BIM 技术在模型中提供全面的数据支持，包括建筑结构、管线系统、设备布局等各个方面。这些数据可以帮助项目团队更好地规划和优化施工进度计划，避免后期装修过程中出现施工问题和成本浪费，提高施工质量和效率。

同时，BIM 技术的可视化特性也为项目团队提供了更加直观的视觉效果。通过模型，项目团队可以更加清晰地了解整个建筑的结构和细节，从而更好地进行装修设计和优化。这种前置处理可以有效地避免施工过程中出现问题和瓶颈，提高整个项目的质量和效率。

模型的搭建过程中，项目团队通过多方面的考虑，细心捕捉每一个细节，并根据实际需求进行不断调整和修正。采用模型渲染技术，模拟不同时间段的日照效果、不同天气下的环境情况等，使得建筑模型更加真实、具有可视化的效果。同时，还运用不同风格的装修进行比较和对比，寻求在整体设计中最佳的装修方案。

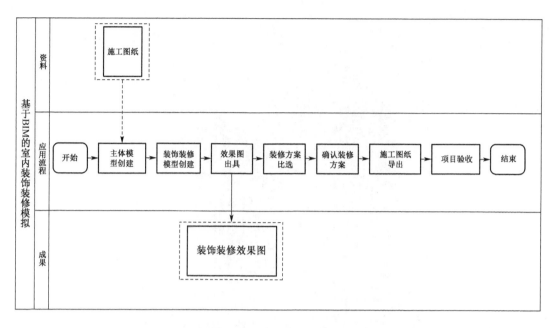

图 5.14 应用流程示意图

2）模型创建

在南京正太中心科研办公项目的设计阶段，BIM 团队根据项目实际情况制定了 BIM 应用技术路线，并将其应用于项目的施工和运营过程中。

根据项目各专业施工图纸，在 BIM 软件中建立全专业模型（图 5.15）。项目模型可为后续的施工、材料加工、采购、机电安装等工作提供精准的数据资料，便于项目参与者提前规划各自职责范围内的施工进度计划等，减少后期施工过程中出现的施工质量和施工安全问题，提升工程施工质量和工作效率。

图 5.15 南京正太中心科研办公项目模型

同时,BIM技术的应用也使得项目团队可以更好地协调和集成各个阶段的设计、建造和运营过程。通过三维模型,项目团队可以更加直观地了解整个项目的结构和布局,从而更好地规划施工进度和资源分配。这些优势不仅提高了项目的建设效率,还为项目的后续运营和维护提供了更加可靠的数据支持。

值得一提的是,这套模型还为装饰装修的方案优化提供了重要的基础。通过对模型的深入分析和比较,我们可以更加直观、系统地了解各种装修设计方案的优劣,并在此基础上做出合理的决策,确保最终装修效果与设计理念完美融合。这一系列工作不仅提高了项目的建设进度和质量,也进一步彰显了正太建筑设计团队的专业实力和创新精神。

3) 方案对比

(1) 外立面方案对比

在施工前,业主方需要考虑到裙房外立面的设计效果和铝合金包边的尺寸,以确保最终的效果符合预期。为了避免后期因装修效果不符而导致的返工现象,项目团队借助BIM技术的模拟性进行了建筑方案对比。通过对不同方案的比较,业主方可以了解每个方案的优缺点,并根据实际需求进行选择。BIM技术对外立面方案的模拟,帮助业主快速选定最优方案。即使用铝板包边的明框幕墙,也可以提供出色的建筑外立面设计效果和高强度的外墙保护(图5.16)。此最优方案确保了整个建筑的外观比例的协调性和一致性,并且符合当地建筑规范和标准。通过BIM技术的帮助,业主方可以在施工前更加明确地了解建筑设计方案与现实效果的关系,从而确保建筑的设计效果和质量。

图 5.16　铝合金包边效果对比

(2) 裙房屋面方案对比

正太中心项目的原裙房屋面设计,由于设备较多而造成空间利用率低、观感不佳的问题。公司领导重视建筑自身生态环境,提出将其改造为空中花园,然而,在平面图上难以确切判断方案的可行性。BIM团队针对此问题,利用BIM技术的模拟性,对比前后建筑方案,通过将部分设备向南侧移动以及将光伏板移至其他屋面等方式,验证了北侧裙房屋面改为空中花园的可行性。这不仅高效解决了原设计存在的问题,还为正太中心建筑大楼增添了更美观、生态、舒适的空间,也充分展现了 BIM 技术在建筑装饰装修设计过程中的重要作用(图 5.17)。

第一版方案

第二版方案

最终效果

图 5.17　裙房屋面效果对比

(3) 景观策划方案优化

传统景观策划过程中,设计师和业主之间常存在沟通困难的问题。这是因为在传统的设计过程中,设计师使用二维图纸和文字说明来描述设计意图,而业主往往缺乏相应的专业知识和想象能力,难以理解这些设计图纸。并且,如果方案需要多次修改,会导致工期拖延、成本增加等问题。为了突破这些技术壁垒,运用 BIM 技术辅助景观策划,成为一种非常有效的解决方案。在本项目的实施过程中,BIM 团队利用 BIM 技术对景观策划方案进行了优化。在 BIM 软件上,设计师可以创建三维模型,同时赋予不同模型构件相应的材质信息,使业主能够直观地了解设计方案的整体效果,充分体现景观设计的美观性、实用性和可行性。同时,BIM 技术也可以实现系统化、规范化的工作流程,让设计师和现场工作人员之间的沟通更加顺畅和高效(图 5.18)。

除了提高沟通效果之外,BIM 技术还可以提高景观设计的可持续性和维护性。BIM 工程师在软件中模拟不同时间段、不同季节甚至不同天气下的景观变化,帮助业主做出更加科学、合理的决策。在景观工程的施工和维护过程中,BIM 技术也可以为现场工作人员提供详细的施工指导和数据支持,保障施工作业的精度和质量。运用 BIM 技术辅助景观策划,不仅可以提高建筑景观表达效果,降低沟通难度,还有助于提高工作效率和质量,为建筑景观设计师和业主带来更加可靠、高品质的服务体验。

(4) 室内装修方案模拟

在传统室内装修设计施工过程中,常因二维图纸表达不明确而导致设计失误、施工返工现象,因此需要花费更多的时间成本、人力成本和财务成本来进行调整。通过创建三维模型,在装修前期就可以及时发现问题,避免浪费时间和人力成本。另外,在大堂装修方案的决策和实施过程中,BIM 技术不仅可以为业主决策提供真实可视化依据,还能够提高工

图 5.18　景观策划对比

作效率和装修品质。同时,三维模型还能在实施过程中指导工人施工,让其可以更加准确地了解设计师的意图,保证完工后的装修效果与建筑风格保持一致,提高装修的精度和美观度,从而打造一个完美的大堂(图 5.19)。

图 5.19　大厅效果策划图

4) 成果对比

三维可视化是目前装修设计行业常用的设计方法,它能够将抽象的设计概念可视化,让业主更加清晰直观地了解装修效果,并与现实施工相结合,从而确保装修效果符合要求。通过三维模型的精细呈现,在设计阶段就可以发现并纠正各种问题,比如细节处理不到位,以及施工上的难点,这些问题在传统的平面图设计中很难被预见。而现在有了三维模型,设计师和工程师可以共同协作,实现更高效、更准确的装修施工。

装修施工完成后,审查效果是装饰装修中重要且必要的环节。通过对比效果图和实际完成的装修效果,不仅可以及时发现问题,而且可以迅速解决问题,确保装修的交付品质达到预期目标(图 5.20)。这不仅可以提升项目的整体品质,还可以增强业主的满意度,进一步巩固企业的口碑优势。此外,通过对比效果图,还可以为未来类似项目的实施提供有益的经验和教训,为企业的可持续发展打下坚实的基础。

图 5.20　BIM 成果对比效果图

5.4　基于 BIM 的室外景观策划模拟

5.4.1　引言

1) 室外景观策划

随着城市的发展,人们生活水平的提高,对于室外的景观要求也越来越高,景观形象的好与坏甚至能影响人们生活、工作的心情,所以对于景观的要求也越来越高。在现实中,我们很容易去评价某个地方的景观,通过我们的肉眼就可以直接去判断花草的颜色是否好看,种类是否齐全,景观与周边大楼是否契合,花间小路是否美观,喷泉是否好看等。然而这些都是基于现实已经完成的结果去进行评价的。如果大部分人对于已经完成的结果不满意,那该景观工程是否意味着失败呢? 所以室外景观工程设计如果能够在施工前就让大部分人满意,那就代表着成功。

室外景观工程主要包括景观设计、场地的地形调整和苗木种植。景观设计包含方案设计、方案比选等工作;地形调整工作包含土方平衡与调配、拆除清理、土方回填等工作;苗木种植包含放线、乔木栽植、灌木种植、草坪栽植、养护等工作。

传统室外景观设计流程是景观设计师导出二维的 CAD 施工图,业主主要根据 CAD 图纸进行方案的优劣判断。传统的弊端比较明显,二维图纸很难表达出最终完成的景观效果,容易造成在施工过程中遇到业主大量地变更要求,从而出现景观工程量大大增多、工期延后、工程成本显著增加等问题。在传统的工作模式中,景观设计师首先完成概念和初步设计,然后根据方案绘制施工图,完成设计规范,最后交给施工队进行施工。

2）基于 BIM 的室外景观策划模拟的新内涵

传统室外景观策划模式下，前台和后台是一个相对独立的线性过程。BIM 工作模式的引入，将使设计与施工之间的联系更加紧密，甚至同步。与传统 CAD 相比，它大大缩短了整个设计过程，特别是施工图设计过程。关键的一点是，景观必须在 BIM 软件中建模，建模必须使用软件中定义的人行道、挡土墙和地形组件，不能用地板、普通墙壁代替挡土墙，地板覆盖代替地形进行建模。在严格按照规范完成模型、生成施工图、纵横剖面图和节点详图后，各种分析图变得非常容易。

3）基于 BIM 的室外景观策划模拟的优势

基于 BIM 的室外景观模拟可以充分地展示不同的策划方案，业主可以直观地辨别不同方案的效果，进行方案比选，筛选出更符合其心目中的方案；同时该方式能够增进施工人员对图纸的了解，减少返工现象的发生；基于 BIM 的室外景观策划模型能够详细地表达施工工序，工程量透明，不利于被钻空子。基于 BIM 的室外景观策划模拟是在可视化的环境下展示不同方案的特点，三维的模型展示具有真实性，项目人员基于唯一理解的方案，可以发表各自的观点，大大提高了项目沟通进展的效率。基于 BIM 的室外景观策划常用软件有 SketchUp、C4D、D5、VRay、Maya、3ds Max、Lumion 等，每个软件有各自的特点。本项目经过分析最终选择 Lumion 进行室外景观的策划。Lumion 是一款集优质效果图像渲染和快速高效工作于一身的 3D 可视化软件，是常用于建筑、景观、城市规划、室内设计等领域的动画演绎制作与效果图呈现的 3D 实时渲染工具。它与 VRay 等常用的模型渲染工具的不同之处在于，设计师可以使用 Lumion 快速实现实时场景效果的 3D 视野观察，并能够以真实场景还原度更高且塑造更饱满的山水树木等元素为特质，快速出图，在整体氛围的营造和上手熟练度上也更容易一些。

场地设计与建筑周边区域相邻，作为建筑设计的辅助领域，如果建筑采用 BIM 系统，则更高效的模式是周边场地设计也在同一系统中完成。当然，也有很多情况是使用其他软件，如 CAD 或其他 3D 建模软件，然后通过 IFC 或其他格式交换文件导入 BIM 中，实现协作。场地设计使用 BIM 软件，因为它是 3D 模型，非常有利于与甲方和团队成员的沟通。该模型可以在几分钟内轻松生成各种透视图、立面和剖面图，直观地帮助表达设计意图。这些 3D 模型也很"智能"。它们还包含大量的实际数据（如材料、单价等），可以快速计算出其他相关数据（如成本），并与其他领域（如建筑、构筑物、市政工程等）的数据进行交换和分析，这是传统简单的视觉表达所无法比拟的。

5.4.2　项目概况

泰兴黄桥琴韵小镇项目（图 5.21）位于泰兴市黄桥镇，基地西侧、南侧为工业用地，北侧为音乐湖，东侧为其他非建设用地。四周均有建成的城市道路，交通完善。地块用地北临城黄路，南临凤灵路，东依华歌路。用地面积 53 218.88 m²，总建筑面积 214 596.04 m²，其中地上建筑面积 153 744.44 m²。预制构件种类有预制叠合板、预制叠合次梁和预制楼梯。砌筑工程的施工材料主要采用蒸压加气混凝土内隔墙板、陶粒混凝土隔墙板、蒸压加气混凝土砌块以及煤矸石多孔烧结砖。其中地下室抹灰工程为一般水泥砂浆抹灰，塔楼抹灰工程为石膏砂浆薄抹灰。项目施工场地狭小,施工周期短,质量要求高,涉及的施工工艺种类较多。

图 5.21　泰兴黄桥琴韵小镇项目效果图

5.4.3　实施流程

1) 整体策划

该项目是总承包的 PPP(政府与社会资本合作)项目,与政府合作运营,由企业 BIM 中心负责项目整体的 BIM 技术实施应用。对于 BIM 辅助景观策划而言,从实际出发,针对任务情况对工作进行合理拆分。主要思路为由各专业 BIM 工程师使用 Revit 进行楼栋建筑、场地及屋面模型的初步创建。模型审核确认无误后,将模型通过数据交互转换至 Lumion 软件中进行最终的景观策划布局。因该工作仅为凸显景观策划内容,故未按照建筑施工图纸创建建筑部门模型,从而减少人力,避免过度建模,实现降本增效。为保证此工作的有序性及规范性,在工作开始之前制定了完整的工作流程。具体工作流程如图 5.22 所示。

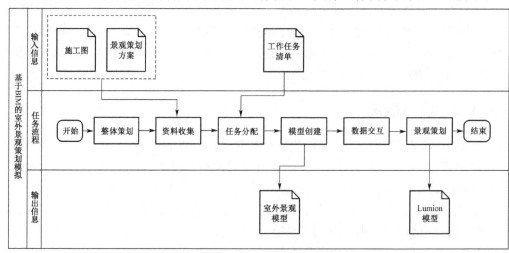

图 5.22　工作流程示意图

确定流程后,对工作任务进行梳理分配,形成任务分配清单文件并及时更新工作完成情况。以任务分配清单为依据,责任到人,相关人员严格按照规定的时间计划完成相应的工作。明确的分工和详细的时间节点计划可以有效提高人员的工作效率,调动相关人员工作的积极性。每完成一个工作节点后,由公司 BIM 工作站牵头,联合项目技术部对相关BIM 工作成果进行检查审核,以保证工作按时且高效地完成。

2) 资料收集

在 BIM 辅助景观策划工作开始前,为便于 BIM 技术的开展,须收集以下资料:

(1) 精细化建模的各专业施工图;

(2) 景观工程施工方案;

(3) 设计变更;

(4) 洽商单;

(5) 公司建模标准;

(6) 其他相关设计文件及规范标准。

制作模型前将收集到的资料仔细阅读,做到对相关工艺施工方法、施工步骤、完成效果心中有数,再进行下一步骤模型的创建。充分理解相关的技术资料后再进行建模,保证后期建模的准确性和真实性。保证所创建的模型与实际施工完成后的效果相同,可以指导现场实际施工,起到样板先行的作用。

3) 模型创建

基于 BIM 的室外景观策划模拟涉及两类模型:建筑结构模型和场地模型。

(1) 建筑结构模型。它的创建可借助翻模软件,即可通过 Revit 平台进行二次开发的软件产品,读取 CAD 图纸中结构梁、板、柱的尺寸及标注信息,从而实现结构模型的一键识别,以此降低结构模型创建时间。但受 CAD 图纸精度和作图是否规范影响,易发生个别结构构件一键识别不准确的情况。以识别 CAD 图纸中的结构梁信息为例,若图纸中的个别结构梁未标注梁截面尺寸信息,则该结构梁无法被正确识别。对于此类无法正确识别结构构件的情况,需要进行二次手动调整,但整体耗时仍远短于手动建模。识别后的结构模型如图 5.23 所示。

图 5.23 Revit 模型截图

（2）场地模型。对于 BIM 辅助景观策划工作而言,前期场地模型的创建尤为重要。地形地貌应尽可能优先在 Revit 软件中还原,虽然 Lumion 软件具有调整地形地貌的相关功能,但无法通过参数信息进行精确调整。场地模型创建精细与否,将直接影响最终的景观策划效果。在进行场地模型创建时,应先进行整体模型的初步创建,再进行局部细节优化。对室外道路、花池、坡道等内容进行模型创建的过程中要及时给所建模型赋予相应材质,以避免个别模型材质遗漏,否则将模型进行数据交互导入 Lumion 软件后,会出现受材质 ID 影响造成的材质贴图混乱现象,给 BIM 辅助景观策划工作带来不便。

4）数据交互

Revit 与 Lumion 的数据交互格式通常使用 DAE 格式,该格式导出的模型构件及信息完整、材质准确,弊端是模型体量较大。它们之间的交互可以通过基于 Revit 二次开发的插件进行,进入该插件导出模型时要注意勾选需要导出的模型种类,不需要导出的模型可以不勾选,确定选择类型之后进行导出,模型体量大的导出时间会比较长。模型平滑度根据模型体量大小选择:模型较大,平滑度选择中等;模型较小,平滑度可选择高(图 5.24)。

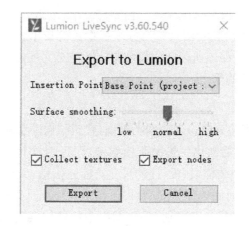

图 5.24　数据交互

5）景观策划

在 Lumion 软件中进行室外景观策划,可以改变材质的各项信息,修改材质的颜色显示,进而选择适宜的材质;软件中有不同类型的花草树木,种类比较多,如果没有合适的,可以根据实际需要下载 3DS 格式的花草,或者下载 SKP 格式的花草,然后根据图纸逐个放置花草。具体操作流程如下:

（1）修改景观材质。选中不同名称的景观,根据设计文件修改相应的材质;如果不同景观名称相同,应到 Revit 模型中修改景观名称,重新导出。

（2）添加室外景观。需要添加景观的,应在 Lumion 中建立新层,在新层中添加相应的景观,例如树木、花草、水、喷泉等。

（3）添加效果。在图片渲染模式下,选择不同角度拍摄照片,每个图片添加合适的效果,有现实、室内、立体等效果,本项目根据需要添加现实效果,并在效果下进行一定的参数修改,例如调整阴影、亮度、太阳角度等参数,使图片效果更契合。

（4）渲染图片。所有景观添加完成,材质修改完成,效果添加完成后,可进行图片的渲染,可选择不同角度的图片进行渲染,通常设置高清、25帧即可。室外景观效果如图5.25所示。

图 5.25　室外景观效果

5.5　基于 BIM 的预制构件吊装施工模拟

5.5.1　引言

1）预制构件吊装

随着装配式施工工艺的日益成熟,装配式施工工艺在现代建筑中扮演着越来越重要的角色。与传统的现场施工相比,装配式施工工艺具备施工高效率、低成本、低污染的优点,这些显著的优点也让装配式施工工艺越来越多地被使用起来。

预制构件作为装配式施工工艺的核心,构件的安装质量也决定着建筑整体的施工质量。其中大体量的预制构件,如预制楼梯、大跨度梁等构件的安装过程更是项目施工管理中的重要控制部分。如何做到更加安全、高效地完成大体量预制构件的安装也是每个采用装配式施工工艺项目需要解决的难题。

楼梯是建筑中不可或缺的构件之一,而传统施工中楼梯的施工一直是一个烦琐复杂的过程。传统施工需要现场加工、浇筑混凝土,施工周期长,施工质量难以保证,同时还会产生大量的建筑垃圾。因此,随着装配式施工工艺的逐渐成熟,预制构件逐渐受到了众多工程商和业主的青睐。

与传统施工相比,预制构件具有施工周期短、质量稳定可控、环保节能等显著优势。然而,在预制构件的吊装过程中,仍然存在一些潜在的安全隐患。例如,吊装操作失误可能导致楼梯构件受损或者人员受伤;吊装设备稳定性不足可能导致楼梯掉落或者设备损坏。因此,如何有效降低预制构件吊装过程中施工问题发生的概率,从而保证施工过程的安全和顺利进行是预制构件吊装的重中之重。

2）基于 BIM 技术的预制构件吊装施工模拟的新内涵

基于 BIM 技术的预制构件吊装是一种利用 BIM 技术进行预制构件吊装方案设计和优

化的方法。通过 BIM 技术,可以将预制构件的三维模型与施工现场的实际情况相结合,进行吊装方案的模拟和优化,提高施工效率和安全性。

在基于 BIM 技术的预制构件吊装中,需要对楼梯进行三维建模,将其与施工现场的实际情况进行匹配。然后利用 BIM 软件进行吊装方案的模拟和分析,包括吊装路径、吊装高度、吊装设备等。通过模拟和分析,确定最佳的吊装方案,并在施工前进行验证和调整,以确保施工安全和效率。

3)基于 BIM 技术的预制构件吊装施工模拟的优势

利用 BIM 技术的可视化特性和模拟性,相较于传统施工,基于 BIM 技术的预制构件吊装施工模拟有以下方面的优势:

(1)提高施工效率。通过 BIM 技术进行预制构件吊装方案的模拟和分析,可以在施工前就发现潜在的问题,并进行调整和改进,从而减少现场修改和调整的次数,提高施工效率。

(2)降低施工成本。基于 BIM 技术进行预制构件吊装方案的模拟和分析,可以确定最佳的吊装方案,从而减少了不必要的人力、物力和时间成本。同时,通过模拟和分析,还可以提前发现和解决一些问题,避免了因问题而导致的额外成本。

(3)提高施工安全性。通过 BIM 技术进行预制构件吊装方案的模拟和分析,可以在施工前就发现潜在的安全隐患,并进行调整和改进,从而提高了施工的安全性。

(4)提高质量可控性。通过 BIM 技术进行预制构件吊装方案的模拟和分析,可以在施工前就确定最佳的吊装方案,并进行质量控制,从而提高了质量的可控性。

(5)减少错误和问题。通过 BIM 技术进行预制构件吊装方案的模拟和分析,可以在施工前模拟各个环节的吊装过程,发现并解决可能存在的错误、冲突和问题,避免了施工现场出现不必要的纠纷和延误。

(6)提高协调性和沟通效率。基于 BIM 技术的吊装模拟可以方便不同参与方之间的协调和沟通。各个参与方可以在共享的模型中进行实时的协作和交流,提高沟通效率,减少误解和偏差。

(7)方便吊装计划的调整和优化。通过 BIM 技术进行吊装模拟,可以方便地对吊装计划进行调整和优化。在实际施工前,可以通过模拟尝试不同的吊装方案和工艺,评估不同方案的效果和影响,从而选择最优方案进行实际施工。

(8)提前排查和解决问题。通过 BIM 技术进行吊装模拟,可以提前发现潜在的问题和冲突,如吊装设备的尺寸限制、交通路线障碍等,有助于提前采取措施进行解决,避免施工过程中的延误和额外工作量的增加。

(9)提供培训和教育机会。通过 BIM 技术进行吊装模拟,可以为相关人员提供培训和教育的机会。模拟吊装过程可以帮助施工人员更好地理解和掌握吊装技术和操作要点,提高吊装过程的安全性和效率。

5.5.2 项目概况

苏州市鲈乡实验小学流虹校区项目(图 5.26)位于苏州市吴江区流虹路北、滨中路西以及永康路南的地段,总建筑面积约 6.5 万 m²。该项目的设计使用年限为 50 年,建筑耐火等级达到一级,屋面防水等级为二级。主要的建筑结构类型采用了框架结构,并且该项目的抗震设防烈度达到了 7 度,能够在地震发生时保持建筑的稳定性。

为了创造一个良好的学习环境,校区的设计考虑到了学生的需求和安全性。校区内提供了宽敞明亮的教室、充足的自习区、舒适的图书馆和多媒体教室。此外,还设置了多个功能齐全的实验室和科技创新空间,为学生提供了丰富的实验和创作机会。

图 5.26 苏州市鲈乡实验小学流虹校区项目实拍图

5.5.3 实施流程

1) 实施计划

预制构件吊装施工模拟的实施计划如下(图 5.27):

(1) 调研和评估。确定预制构件吊装施工模拟的需求和目标,了解项目的具体情况和

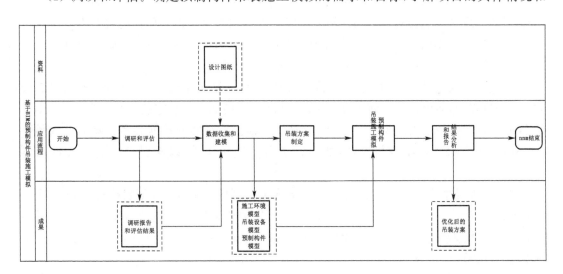

图 5.27 技术路线示意图

可行性。评估模拟所需的资源、技术和时间等方面的可行性。

（2）数据收集和建模。收集项目中涉及的预制构件信息、吊装设备信息以及工地环境等相关数据。基于收集到的数据建立项目的三维模型，并在模型中定位和安装预制构件及其吊装设备。

（3）吊装方案制定。根据项目实际要求和安全标准，确定预制构件的吊装施工策略和所需的吊装参数，制定预制构件吊装施工方案。

（4）预制构件吊装施工模拟。结合施工方案进行预制构件吊装施工模拟。

（5）结果分析和报告。对吊装模拟结果进行分析和评估。

2）调研和评估

确定预制构件吊装施工模拟的需求和目标、了解项目的具体情况和可行性，以及评估模拟所需的资源、技术和时间等方面的可行性，是确保预制构件吊装施工模拟顺利进行和取得实际效果的重要步骤。

为了更好地开展预制构件的吊装施工模拟工作，在本项目预制构件吊装施工模拟工作开始前期，BIM 团队成员对设计图纸、施工现场的情况和限制条件进行调研，然后根据调研信息定制和调整模拟参数。同时收集项目现场管理人员对模拟的需求，将其转化为 BIM 工作内容和要求，为后续的模型创建和模拟过程提供指导。

信息收集完成后，确定进行模拟所需的技术、软件工具和所需的人力和设备资源，并评估其是否能够满足模拟需求，同时确保相关人员熟悉和熟练使用这些工具。

最后进行模拟时间计划的制定。制定模拟的时间计划和里程碑，以确保应用工作内容能够按时完成。

3）模型建立

预制构件吊装施工模拟的核心模型分为三种：施工环境模型、吊装设备模型、预制构件模型。

（1）施工环境模型。预制构件吊装需要充分考虑到施工现场的实际环境对吊装过程的影响，对施工现场可能会对预制构件吊装工作产生影响的建筑物、道路、电线等因素进行模型的创建，以确保模拟的真实性。同时为了保证吊装工作中的施工安全，还需要针对现场的安全防护措施进行模型创建，充分考虑每一项危险因素。

（2）吊装设备模型。吊装设备作为预制构件吊装中最为重要的一个因素，在对吊装设备建模的过程中，需要充分了解设备的基本参数，即额定功率、额定起重量、最大工作半径等，同时将这些参数录入模型中，为后续的施工模拟提供真实的数据参考。除大型的吊装机械外，对小型的吊装设备与构件，如吊钩也需要进行建模，以确保模拟的真实性与可靠性。

（3）预制构件模型。作为预制构件吊装施工模拟的核心模型，预制构件的模型建立是整个建模工作中最为重要的一个环节。本项目主要采用了预制叠合梁、预制叠合板、预制楼梯三类预制混凝土构件。BIM 工程师根据设计图纸对各个预制构件进行了模型创建（图 5.28）。

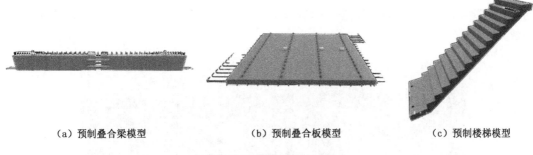

| （a）预制叠合梁模型 | （b）预制叠合板模型 | （c）预制楼梯模型 |

图 5.28　预制构件模型图

4）吊装方案制定

吊装方案的制定是预制构件吊装施工模拟的核心步骤，吊装方案需要着重制定预制构件的吊装策略和所需的吊装参数这两项。在确定吊装策略和参数时，需要综合考虑以下几个方面：

（1）构件重量和尺寸。根据预制构件的净重、尺寸和几何形状，选择合适的起重机类型和吊装设备。例如，对于较大或较重的构件，可能需要使用大型起重机或者多台起重机协同作业。

（2）吊装绳索和吊具。根据构件的特点和吊装需求，选择合适的吊装绳索和吊具。吊具的选择应考虑构件的形状和重心位置，以及吊装过程中构件的稳定性和安全性。如预制叠合梁吊装时，因为梁属于线性构件，绳索只需沿着梁中心线进行固定，而预制板的吊装却有着很大的区别，预制板的重心位于预制板的中心处，所以为保证吊装时的稳定性，绳索需要在周边进行固定。

（3）吊装点的位置和设施。根据构件的设计和施工要求，确定吊装点的位置和数量。吊装点应位于构件的重心位置，并在构件上确保有足够的强度来承受吊装的负载。必要时，可以使用脚手架或其他支撑设施来辅助吊装过程。

（4）吊装作业计划和程序。根据吊装操作的复杂性和风险，制定详细的吊装作业计划和程序。这包括吊装过程的安全检查、通信、信号传递、起重机操作、吊具安装和固定等操作步骤和要求。吊装作业计划应在安全标准的指导下，确保吊装过程的高效和安全。

（5）安全监控和人员培训。在吊装过程中，需要保持实时的安全监控，确保吊装过程的安全性。此外，组织相关人员进行吊装相关的培训，并确保他们熟悉吊装程序和相关安全操作规程。

5）预制构件吊装施工模拟

吊装方案制定完成后，基于方案利用创建完成后的模型制作施工模拟视频。使用专业模拟软件，利用物理引擎和虚拟现实软件设置吊装场景，用以模拟吊装过程和动态效果。根据实际情况验证模拟的准确性和可行性（图 5.29）。

通过 BIM 技术的施工模拟，可以准确地模拟吊装过程，并计算出吊装所需的重量、尺寸和位置等关键参数。基于这些参数，可以生成用于指导施工的吊装施工图纸，从而为现场施工提供准确的指导和支持。对于复杂的吊装过程，BIM 技术还可以进一步模拟不同的吊装情况,并预测吊装对周边建筑物的影响。通过这种方式,可以在吊装前及时发现潜在的问题和风险,并采取相应的措施进行调整和优化,从而最大程度地确保吊装过程的安全和高效。

图 5.29 预制构件吊装施工模拟图

6) 结果分析和报告

预制构件吊装施工模拟完成后,还需要对吊装模拟结果进行分析和评估。评估结果能够提供重要的决策依据和改进方向,确保吊装方案的安全性、可行性和效率。对于吊装模拟结果进行分析和评估的内容主要包括安全性、施工效率、风险评估、吊装方案的可行性和结合模拟经验的技术改进方案。

(1) 安全性。通过分析模拟结果,评估预制构件吊装过程中的安全性。这包括评估吊装设备的稳定性、吊装绳索和吊具的强度是否满足要求、吊装点的定位是否准确、构件的平衡和稳定性等。如果发现吊装过程中存在安全隐患,需要及时调整和改进吊装方案,确保吊装的安全进行。

(2) 施工效率。通过对吊装模拟结果进行分析,评估吊装方案的施工效率。这包括评估吊装设备的使用效率、操作人员的工作安排和配合、施工场地的条件等。分析施工效率有助于优化吊装方案,提高工作效率和减少施工时间及成本。

(3) 风险评估。根据模拟结果,识别吊装过程中可能存在的风险和问题,并进行风险评估。这包括评估吊装设备的负载情况、材料的强度和稳定性、周围环境的影响等。根据风险评估的结果,制定相应的应对措施和预防措施,以减少风险的发生和影响。

(4) 吊装方案。根据对吊装施工模拟结果的分析和评估,进行吊装方案的优化。可以调整吊装参数、吊装绳索和吊具的选择、吊装点的位置等,以确保吊装方案更加合理、安全、高效。优化吊装方案有助于提升吊装效果,减少潜在风险,并提高施工质量。

(5) 技术改进。结合优化后的吊装方案进行预制构件吊装施工模拟。

6 协调性应用

6.1 基于 BIM 的图纸会审及交底

6.1.1 引言

1) 图纸会审及交底

图纸会审是指建设单位在收到审图合格的全套施工图设计文件后,在设计交底前由建设单位组织监理、设计、施工、咨询等参建单位,从施工、监管、使用等角度对施工图纸进行全面熟悉、审查,把图纸存在的问题及疑问,整理出会审清单,提交设计单位进行处理的一项重要活动。图纸会审主要是对图纸"缺、漏、错、碰"进行审核,包括专业图纸之间、平立剖图之间的矛盾、错误和遗漏等问题。

图纸会审是整个工程建设中一个非常重要和关键的环节,一定程度上会影响工程施工的质量、进度、安全等。施工图纸是质量、安全、进度的前提,如果施工过程中图纸问题多,会经常发生变更,势必会影响整个项目的施工进度,带来不必要的经济损失。图纸会审的目的一方面让施工单位和各参建单位熟悉设计图纸,领会设计意图,了解工程特点与难点,找出图纸中需要解决的技术难题,并制定解决方案;另一方面解决图纸中存在的问题,减少图纸差错,对设计图纸加以优化和完善,提高图纸的设计质量,从而提高施工质量。

设计交底是指工程开工前,建设单位组织监理、施工总包、各专业分包、咨询等参建单位参加,由项目主要设计人员介绍图纸设计理念、设计基本情况、引用规范、施工过程中须注意事项,对图纸会审提出的问题进行答疑等。设计交底能使施工单位和监理单位明确设计理念,加深对设计文件特点、难点、疑点的理解,掌握关键工程部位的技术要求,推动工程建设目标顺利实现。

2) 基于 BIM 的图纸会审及交底的新内涵

BIM 技术具有可视化、建筑模型信息化、数字虚拟建造等优点。通过 BIM 基础软件建立各专业(包括建筑、结构、钢构、幕墙、安装、消防、暖通、智能化等)的建筑信息模型,再通过相关 BIM 软件将不同专业的模型综合成一个模型,以三维动态的方式直观展现出来。三维模型可以任意剖切,形成大样图,对一些复杂的构造节点进行全方位的动态展现。

基于 BIM 的图纸会审是在三维模型中进行的,各工程构件的尺寸、空间关系、标高,相互之间是否交叉、是否冲突,可通过 BIM 软件进行碰撞检查,可以直观地对模型的每一个细节进行查看,节约了找问题的时间。同时,可以利用 BIM 软件的自动定位功能对发现的错误、冲突进行检查,统计结果。碰撞检查能发现图纸设计中常见的"缺、漏、错、碰"问题,形成碰撞检查报告,并将冲突点在模型中以三维立体形式显示出来,提高各专业人员解决问题的效率,从而提高设计正确率。

基于 BIM 技术的图纸会审后,根据调整后的三维模型和二维设计图纸进行三维可视化的设计交底,让各参建方更直观地了解项目设计信息和施工注意点,提高了工作效率,减少了设计缺陷。

3) 基于 BIM 的图纸会审及交底的优势

首先,基于 BIM 的图纸会审相比于二维设计的图纸会审能够直观地反映整个建筑的全貌,会发现传统二维图纸会审难以发现的许多问题。传统的图纸会审都是在二维图纸上进行的,但是随着市场经济的迅速发展,异形建筑、大型综合项目等复杂项目的增加,图纸的数量成倍增加。一个工程往往涉及成百上千的图纸,图纸之间又是孤立和相互制约的,难以发现空间上的一些问题,比如,多专业管道碰撞、不规则或异形的设计跟结构位置不协调、机电设计与结构设计发生冲突等,因而只能把问题带到施工现场。基于 BIM 的图纸会审通过三维模型进行漫游审查,以第三人的视角对模型内部进行查看,能够发现净空设置等问题以及设备、管道、管配件的安装、操作、维修所必需空间的预留问题。BIM 查找的问题定位精准,在图纸审查过程中,结合 CAD、BIM 切换查看、确定问题,不仅便于业主及时了解问题,更兼顾了设计院、项目部从 CAD 查阅信息的使用习惯,能够短时间完成所有专业图纸会审,大大提高了图纸会审的效率。三维图纸会审能够及时消除各类图纸缺失、界面划分不清、图纸表达不清晰、多分包沟通不畅等问题,防患于未然。

其次,BIM 技术可改进传统图纸会审的工作流程。通过将各专业模型集成的模型作为项目各参与方之间进行沟通和交流的媒介,可以实现远程或现场多方的图纸会审和问题沟通,解决会审中问题沟通和协同效率低下的问题。在会审期间,项目参与各方可以通过 3D 协同会议,更方便地查看模型,聚焦于图纸的专业协调问题,更好地理解图纸信息,促进彼此之间的沟通,减少图纸会审时间。图纸会审阶段,若发现设计图纸上的问题,能通过运用 BIM 工作协作平台,很好地与参与项目的各个单位进行快速交流沟通,减少传统项目管理中的烦琐工作,提高工程设计与深化质量,提升项目信息协同共享能力,以及各岗位间的沟通效率。

因此,基于 BIM 的图纸会审,不仅可以有效地提高图纸协同审查的质量,还可以提高审查过程及问题处理阶段各方面沟通协同的工作效率。

运用 BIM 技术进行可视化设计交底,可以有效减少传统二维图纸的"错、漏、碰、缺"问题,减少交底不彻底引起的设计变更和后期返工造成的成本支出,从而缩短工期,实现更多的经济效益。

6.1.2　项目概况

城投综合楼建设项目(图 6.1)工程总承包(EPC)分为地块 A、地块 B,位于江苏省泰州市姜堰区三水大道西侧、老通扬河南侧。规划总用地面积 29 820.7 m²,总建筑面积为 80 396.9 m²,其中地上建筑面积为 54 039.64 m²,地下一层建筑面积为 26 357.26 m²。地块 A 拟建酒店建筑面积为 20 556.61 m²、宴会厅建筑面积为 7 578.81 m²。项目总投资 55 000 万元。施工总承包单位为泰州市建工集团有限公司,设计单位为中冶华天南京工程技术有限公司,BIM 技术支撑单位为中城建第十三工程局建筑设计院 BIM 所。为了更好地实现项目管控,EPC 工程总承包方将 BIM 技术应用贯彻于项目建设周期全过程,以实现项目的科学管理,提高项目决策效率。

图 6.1　城投综合楼建设项目效果图

6.1.3　实施流程

1)图纸会审方法

建模小组在土建、钢筋、机电等专业建模过程中,通过 BIM 的虚拟搭建,完成了对设计院提交的图纸的复核工作。建模过程中查找出设计图纸详图不全、标注矛盾、结构碰撞等问题。图纸审查记录全部按照标准格式进行记录、登记;图纸审查记录经各专业小组组长复核完成后提交项目部技术总工;技术总工复核后补充其他审图意见,直接提交设计院并进行沟通。图纸会审流程如图 6.2 所示。

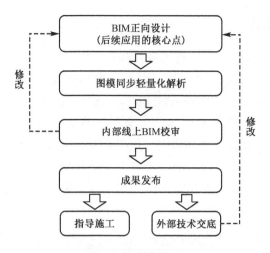

图 6.2　图纸会审流程图

首先,各专业 BIM 技术人员根据本专业图纸创建三维模型,然后提交模型组进行模型综合。综合模型提交内部线上 BIM 校审,校审合格后利用 Navisworks 软件进行碰撞检查工作,形成碰撞检测报告。基于 BIM 的图纸会审软件应用方案如图 6.3 所示。

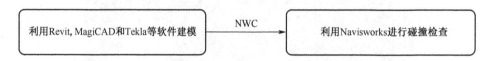

图 6.3　图纸会审软件应用方案

2) 技术交底流程

图纸会审阶段,各专业人员首先对工程图纸进行熟悉了解,在熟悉图纸的过程中,发现部分图纸问题,相关专业人员依据施工图纸创建施工图模型,在创建模型的过程中,发现图纸中隐藏的问题,将问题进行汇总;完成模型创建后通过软件的碰撞检查功能,进行专业内以及各专业间的碰撞检查,发现图纸中的设计问题,这项工作与深化设计工作可以合并进行。

在多方会审过程中,将 BIM 三维模型作为多方会审的沟通媒介,在多方会审前将图纸中出现的问题在模型中进行标记,会审时,对问题逐个进行评审并提出修改意见,可以极大地提高沟通效率。

在进行图纸会审交底过程中,通过模型就会审的相关结果进行交底,向各参建方展示图纸中问题的修改结果。

经过基于 BIM 的图纸会审后,调整 BIM 三维模型后导出最终二维的施工图纸。利用调整后的三维模型和二维设计图纸进行三维可视化的技术交底,使各参建方更直观地了解项目设计信息和施工方案。施工人员利用 BIM 技术可视化的设计交底提高了工作效率,减少了设计缺陷,降低了施工成本。基于 BIM 的复杂部位技术交底流程如图 6.4 所示。

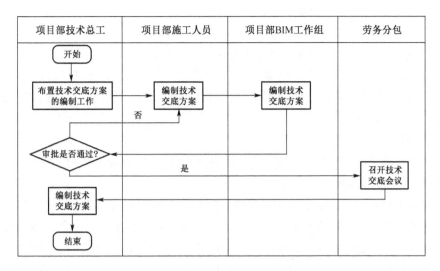

图6.4 基于 BIM 的复杂部位技术交底流程示意图

3) 基于 BIM 的图纸会审

（1）图纸自审

工程设计施工图纸，尽管经过设计单位和图审机构的层层把关，还是会出现"错、漏、碰、缺"现象。施工技术人员为了保证施工的顺利进行，在工程开工前，进行图纸自审是至关重要的。

① 各专业自审

各专业在模型创建的过程中，对发现的图纸问题以表格形式进行详细记录，记录内容包括：图纸专业、图纸编号、图纸问题位置（轴网交点）、图纸问题描述、图纸截图（模型截图）等。各专业施工图自审包括但不限于以下内容：

a. 图面有没有错误，如轴线、尺寸、构件、钢筋直径、数量、混凝土强度等级等。

b. 图面上表示是否清楚，有没有漏掉尺寸等现象。特别是轴线表示是否清楚，剖面图够不够，详图缺不缺。

c. 图中选用的新材料、新技术、新工艺表示是否清楚。如新材料的技术标准、工艺参数、施工要求、质量标准等是否表示清楚，能否施工。

d. 设计施工图纸是否符合实际情况，施工时有无困难，能否保证质量。

e. 设计施工图纸中采用的材料、构（配）件能否购到。

f. 图中选用的设备是否是淘汰产品。

② 各专业互审

各专业自审完成后，专业之间可交换、整合模型再次进行审核，对发现的图纸问题进行记录。各专业施工图互审包括但不限于以下内容：

a. 管道等其他专业需要在土建楼板、墙壁上预留的孔洞在土建图纸上表示了没有，尺寸、标高对不对。

b. 各专业之间，尤其是设备专业和土建专业图纸上的轴线、标高、尺寸是否统一，有无矛盾之处。

c. 其他专业需要在土建图纸中预埋的铁件、螺栓,在土建图纸上表示了没有,尺寸是否准确无误。

d. 电气埋管布置和走向在土建图纸上是否合理恰当。

图纸自审完成后,由专人负责整理并汇总,在图纸会审前交由建设(监理)单位送交设计单位,目的是让设计人员提前知道图纸存在哪些问题,做好设计交底准备,以节省时间,提高会审的质量及效率。

(2)图纸会审

图纸会审主要是对图纸的"错、漏、碰、缺"进行审核,包括专业图纸之间、平立剖图之间的矛盾、错误和遗漏等问题。

基于模型可视化、参数化、关联化等特性,通过"模型集成技术"将施工图纸细度的模型进行合并集成,并通过 BIM 应用软件进行展示。首先,施工方可以在一个立体三维模型下进行图纸的审核,可以直观地对图纸的每一个细节进行浏览和关联查看。各构件的尺寸、空间关系、标高,相互之间是否交叉、是否在使用上影响其他专业都一目了然,省去了找问题的时间。其次,可以利用计算机自动计算功能对出现的错误、冲突进行检查,并统计出结果(图 6.5、图 6.6)。

图 6.5　BIM 三维动画图纸会审

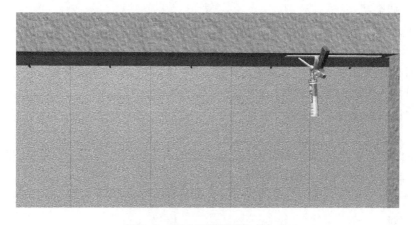

图 6.6　BIM 三维动画技术交底

BIM 技术可改进传统图纸会审的工作流程。通过将各专业模型集成的统一模型作为项目各参与方之间进行沟通和交流的媒介,实现远程或现场多方的图纸会审和问题沟通,解决会审中问题沟通和协同效率低的问题。在会审期间,项目参与各方可以通过 3D 协同会议,更方便地查看、传阅模型,更好地理解图纸信息,促进彼此之间的沟通,可以更加聚焦于图纸的专业协调问题,降低检查时间。

6.1.4 基于 BIM 的图纸会审的成效

针对图纸会审阶段发现的设计图纸上的问题,运用 BIM 工作协作平台,能很好地与参与项目的各个单位进行快速交流沟通,减少传统项目管理中的烦琐工作,提高工程设计与深化质量,从而提升项目信息协同共享能力,以及各岗位之间的沟通效率。

首先,基于 BIM 的图纸会审会发现传统二维图纸会审难以发现的许多问题。传统的图纸会审都是在二维图纸上进行的,难以发现空间上的问题,而基于 BIM 的图纸会审是在三维模型上进行的,各工程构件之间的空间关系一目了然,通过软件的碰撞检查功能进行检查,可以很直观地发现图纸不合理的地方。其次,基于 BIM 的图纸会审通过在三维模型中进行漫游审查,以第三人的视角对模型内部进行查看,可以发现净空设置等问题以及设备、管道、管配件的安装、操作、维修所必需空间的预留问题。通过建模查找问题之详细、信息之精确、问题之准确大大减轻了各方图纸审查工作的强度。BIM 查找的问题定位精准,在图纸审查会议过程中,结合 CAD、BIM 切换查看、确定问题,不仅便于业主了解问题所在,更兼顾了设计院、项目部利用 CAD 查阅信息的使用习惯,能够短时间完成所有专业图纸会审,大大提高了图纸会审的效率。

运用 BIM 技术进行可视化施工交底,减少了因交底不彻底引起的返工造成的损失和浪费;可以有效减少传统二维图纸的"错漏碰缺"问题,减少后期返工造成的成本支出,缩短工期,从而实现更高的经济效益。

6.2 基于 BIM 的外墙设计方案改造提升

6.2.1 引言

1) 传统外墙设计方案改造提升

随着时间的推移,原有建筑外立面及造型经过风雨侵蚀、人为及其他外界因素的影响,已经无法满足目前人们生活的视觉和功能需求,且周围环境的不断变化将导致建筑与其格格不入。当前,新型优质的建筑装修材料日益更新、施工技术水平不断提升,因此,建筑外墙改造后,更能满足人们追求的美观、舒适、健康的居住和办公要求,避免了整体重建。

传统外墙设计方案改造的工作流程主要分为 3 个阶段:明确客户需求阶段—设计构思阶段—设计绘图阶段。明确客户需求阶段:此阶段的主要工作是方案设计师与客户沟通交流,了解客户的具体需求,掌握项目客观资料。此阶段的成果是方案设计师进行方案设计的主要依据。设计构思阶段：在此阶段，方案设计师根据客户需求制作彩色手绘概念设计草图，同时还要制定包含装修风格、装修材料、造价预算等内容的计划书。设计绘图阶段：在此阶段，方案设计师的主要工作是深化概念设计草图，使用 CAD 软件绘制指导施工的装修设计施工图，包括平面图、剖面图、立面图、节点构造详图等。最后通过使用 3ds Max 等效果图制作软件制作外墙设计方案效果图，完成外墙设计方案的可视化表达。

2）基于 BIM 的外墙设计方案改造提升的新内涵

随着数字化技术的飞速发展，BIM 技术已经成为建筑行业中不可或缺的重要工具。在外墙设计方案中，利用 BIM 技术可以有效改变传统的方案设计工作模式，为改造项目的设计、施工和管理提供较为精准的数据信息。BIM 技术的应用不仅可以为建筑师、设计者和客户提供更加直观、详细、可视化的设计方案，还可以帮助他们更加准确地预估工程成本和施工周期，从而实现更高效、更经济的外墙改造。

基于 BIM 的外墙设计方案改造提升具有协调性、一致性、可出图性、参数化等特点。方案设计师利用 BIM 软件构建完整的建筑信息模型，参数化控制设计方案中的材质、尺寸等信息，实现对不同外墙设计方案的快速比较。建筑师、设计者和客户可以更加直观地了解不同设计方案的特点和优劣，快速做出更加明智的决策，减少多方沟通时间和成本。此外，将外墙装修模型与既有建筑模型整合关联，利用 BIM 软件的碰撞检查功能，提前发现构件之间的硬碰撞问题并适当修改建筑参数，避免施工过程中出现返工现象。在模型中，可以对外墙设计的每一个细节进行分析和调整，以确保最终设计方案的完整性和可行性。

完成最终的外墙建筑信息模型创建和修改后，利用 BIM 技术的可出图性，在 BIM 软件中直接输出用于指导施工的平面图、立面图、剖面图及细部节点构造详图等。同时可基于此模型导出各类装饰装修材料工程量信息，为施工单位提供材料采购和加工生产的指导依据。基于此模型还可以制作设计方案效果图和漫游视频，给项目参与各方提供沉浸式体验，实现对建筑外墙设计方案的三维可视化展示。

3）基于 BIM 的外墙设计方案改造提升的优势

基于 BIM 的外墙设计方案改造提升相较于传统的工作模式，可以基于同一建筑信息模型完成设计方案对比、施工图输出、工程量统计、效果图展示等工作，有效提升了方案设计师的工作效率，保证了各工作间数据信息的一致性和完整性，减少了因数据在各软件间的传递交互而导致的信息误差。

采用 BIM 技术进行外墙设计方案改造提升还可以帮助建筑师和方案设计者更加准确地评估工程成本和施工周期。在模型中，可以实时统计各装修材料的工程量，为商务算量提供较为精准的数据。还可以对每一项施工任务进行详细规划和排期，并通过模拟仿真技术进行施工进度模拟，从而提高工程效率，减少人力和物力资源的浪费，降低工程成本。

BIM 技术的应用还能够提高外墙改造的质量和安全性。通过对施工过程进行数字化监管和控制，利用 BIM 技术的可视化优势，制作施工工艺模拟视频，可以及时发现和解决施工中的问题，降低事故发生的风险，对施工人员进行可视化交底，保证施工质量和安全性。

采用 BIM 技术进行外墙设计可以实现对施工全过程的数字化管理，从而提升建筑品质，提高施工效率，降低成本。因此，在如今快速发展的建筑行业中，采用 BIM 技术进行外墙设计已成为一种必然趋势,也是建筑师和设计者必须掌握的基本技能之一。

6.2.2　项目概况

新疆金陵山庄项目位于新疆乌鲁木齐市天山区青年路以西,地处新疆乌鲁木齐市城市中心区域,属于高端度假型酒店,是通往各个景点的必经之路。项目共分两期,占地面积超过 1 000 亩(1 亩≈666.67 m²),总建筑面积 9.92 万 m²,其中一期 2.06 万 m²,二期 7.86 万 m²。本项目一期为既有建筑,二期为新建项目。该项目为新疆地区的一个新的城市地标,对城市的发展有着深远的影响。本项目的改造内容包括外墙改造,外围景观提升改造,一期灯光照明、亮化、标识标牌系统改造,外墙出新等内容。项目效果图如图 6.7 所示。

项目一期既有建筑外立面存在装饰线条样式不统一、构件造型过于单薄、没有体现建筑统一风格、不匹配酒店整体定位、立面材质分隔比例不和谐等问题。本项目利用 BIM 技术快速实现了外墙改造设计方案的编制,基于建筑信息模型输出施工图纸,导出墙面、栏杆、屋面等不同装修构件的工程量,为业主的最终决策提供了准确的依据。

图 6.7　新疆金陵山庄项目效果图

6.2.3　实施流程

1) 工作流程

本项目外墙设计方案提升改造目标主要有方案对比、快速出图和准确预算,同时需要为建筑带来更新的视觉体验。在该项目的前期准备阶段,基于项目部提供的现场实拍图、PDF 版竣工图纸扫描件等资料,方案设计师利用 BIM 软件对既有建筑主体进行了还原,确保基础设计与建筑结构的准确性。基于此既有建筑模型,设计师通过添加参数化构件及相关材质等属性信息,完成多版改造后的外墙方案效果模型。利用效果图制作软件,完成各方案的效果图制作,并与原竣工图进行对比修正,以确保新设计的完美呈现。业主选定好设计方案后,在 BIM 软件中输出此版本方案的施工图纸等文件,用于指导现场施工。基于

BIM 的外墙设计方案改造提升工作流程如图 6.8 所示。

| | 纸质版竣工图扫描件 | | | | | | | | | |

（流程图，从左至右：）

基于BIM的外墙设计方案改造提升

资料：纸质版竣工图扫描件

应用流程：开始 → 图纸修复 → 原材质模型创建 → 效果优化模型创建 → 效果图出具 → 优化前后效果比对 → 施工图纸导出 → 图纸模型归档 → 结束

成果：施工图纸、工程量清单、效果图

图 6.8　工作流程示意图

2）模型创建

在项目实施过程中，方案设计师利用 BIM 技术的可视化特点，对各楼栋建筑的外墙效果和灯光效果进行了全面的设计和提升。针对不同的设计方案要求和风格特点，设计师创建了多个改造方案模型，并对各改造方案进行效果图渲染，以便更好地展示建筑的外观和空间效果。项目各参与方通过改造前后模型对比，对优化提升方案进行不断的调整和测试，最终确定了最佳的外墙和灯光设计方案。在改造设计方案中，设计师充分考虑了建筑的整体风格和氛围，以及周围环境的特点，力求创造出令人满意的视觉效果。基于 BIM 技术的设计方案丰富多彩，不仅能够让建筑更加美观，还能够带来更好的使用体验和品质感（图 6.9、图 6.10）。

图 6.9　外墙优化对比图

图 6.10 灯光效果对比图

3）图纸出具

在确定了外墙改造提升设计方案后，方案设计师在 BIM 软件中可以快速精准地生成平面图、立面图、剖面图、细部节点构造图等，不仅能够减少人工 CAD 绘图出现错误的概率，还可以确保各类图纸中同一构件尺寸的正确性，更能够使施工人员快速地了解建筑设计方案，有效地提高工程施工效率(图 6.11)。

利用 BIM 软件导出的施工图纸不仅有二维尺寸信息，针对细部节点构造还包含三维模型信息，可以从不同角度呈现设计目的，让设计方案更加真实直观，同时也能够对于施工过程中的问题进行快速的解决，便于各方面的理解和协作，从而提高建筑质量和施工效率，最终实现高品质的建筑项目。

南立面视图   干挂石材

图 6.11 二维图纸出具

4）成果验收

工程质量验收是施工过程中确保项目质量的重要环节之一。通过将现场实际施工情况与设计图纸进行比对，可以及时发现施工质量问题，并及时进行处理和改进，以提高工程施工质量和精度。这一过程的重要性在于避免因施工不准确、问题未发现而导致的不必要的成本和时间浪费，同时也可以缩短工程施工周期，提高效率。因此，确保施工质量符合标准的验收过程非常关键，是工程质量管理不可缺少的一环。

图 6.12　实拍图　　　　　　　　　　　　　　　图 6.13　BIM 效果图

在项目完成之后,为了确保施工质量符合设计标准,管理人员对实际完工效果与设计效果进行了详细的比对验收。这一过程以 BIM 效果图为主要参考标准,通过将现场实际完工情况与设计方案效果图进行比对,可以帮助我们更加直观地评估施工的效果和质量,并针对发现的问题进行及时调整和改善(图 6.12、图 6.13)。这一过程对于成果验收交付具有非常重要的作用。

6.3　基于 BIM 的碰撞检查

6.3.1　引言

1) 碰撞检查

目前我国建筑业进入高速发展阶段,建筑工程大型化和复杂化趋向明显,施工环境复杂、安全风险更高,建筑施工难度系数越来越大,对建筑工程的设计、施工和运营维护提出了更高要求。常规设计采用二维设计,不能精准反映各构件在空间中的位置及相互关系,尤其一些复杂节点、构件之间极易形成碰撞,无法施工。

碰撞检查根据性质或类别通常分为硬碰撞和软碰撞两种形式。硬碰撞通常指构件实体之间在空间上发生重叠、碰撞(交叉冲突);软碰撞指构件实体之间并未发生真正的碰撞冲突,但实体之间的间隔距离或者空间位置之间无法满足规范、施工、使用需求等。

碰撞检查根据专业性质通常分为单专业碰撞和全专业碰撞两种形式。单专业碰撞通常指本专业内碰撞检查,如梁柱交叉处钢筋冲突、型钢安装节点冲突。全专业碰撞通常指将项目中所有专业图纸综合进行检查。

传统的碰撞检查中,技术人员通常将多个专业的平面图纸叠加,并绘制各自负责部位的剖面图,依赖施工经验判断是否发生碰撞。这种碰撞方式效率低下、难以进行完整的检查,往往会在设计中遗漏大量的多专业碰撞及冲突,导致工程施工过程常常返工。

2) 基于 BIM 的碰撞检查的新内涵

基于 BIM 的碰撞检查也叫多专业协同、模型检测,是一个多专业协同检查的过程。通过 BIM 基础软件建立各专业(包括建筑、结构、钢构、幕墙、安装、消防、暖通、智能化等)建筑信息模型,利用相关 BIM 软件将不同专业的模型整合成一个模型,以三维可视化的方式展现出来。三维模型可以任意剖切,形成大样图,对一些复杂的构造节点进行全方位的动态展现。通过 BIM 软件进行综合碰撞检查,提前发现问题,及时深化修改,出具相应的综合预埋图、综合管线图,方便参建各方快速阅图,高效顺畅沟通,从而减少施工过程中发生的变更和浪费,提高了工程质量和效率。

碰撞检查主要发生在机电各专业自身、机电与土建专业之间,其中包含了机电与结构的预留预埋、机电与幕墙、机电与钢筋、机电安装本专业之间的碰撞。工程安装管线主要包括强弱电、给排水、消防暖通、燃气供应、桥架综合布线等,这些管线布置区域相对集中,并有自身特定的空间要求,还须考虑相邻管道介质是否能合并空间施工,极易产生碰撞,给施工现场的各种管线施工、预埋带来极大的困难。因此,在施工前,采用 BIM 技术对管道密集区域提前进行综合排布设计,预先在三维状态下浏览检查管线布设。各专业管线发生冲突时,根据"有压管让无压管,小管线让大管线,施工容易的避让施工难度大"等原则,再考虑管材厚度、管道坡度、较小间距以及安装操作与检修空间,结合实际综合布置避让原则,完成机电专业管综深化设计。碰撞检查能及时发现图纸设计中常见的"缺漏错碰"等设计问题,并将冲突点在三维模型中显示出来,提高了各专业人员解决问题的效率和设计正确率。

3) 基于 BIM 的碰撞检查的优势

传统的碰撞检查常用于设计、施工阶段。CAD 二维施工图在设计时基本上由各专业分工设计,不同图纸间关联性较低。设计阶段的碰撞检查基本是项目负责人将各专业图纸集合在一起,进行人工审图,根据自身经验进行人工检查,核实是否有冲突。这种检查方式对检查人员的技术要求较高,耗时长,不能直观地发现问题,且由于关联性低,各专业间对发现的问题存在沟通困难、不能及时解决相关问题、效率低下的情况,导致工程施工过程中常常返工。尤其在遇到项目体量大、结构复杂等情况时,若在施工过程中发现某处设计不合理,不仅需要花费大量时间修改,还有可能存在考虑不全面的情况,由此产生大量的设计变更,造成工程投资增加。

施工阶段碰撞检查往往局限于安装各专业之间,通常采用做样板区的方式进行管线排布示例。样板区的选择受时间、空间、财力等各种因素影响,往往只能选择部分有代表性的管道密集区域进行试做,而且样板区的施工会增加施工成本、影响工程进度,不能完全反映项目整体情况。一旦出现结构与安装之间的冲突,无法提前预警处理,只能修改安装,有很大的局限性。

BIM 技术具有可视化、参数化、模拟性等优点,模型中构件具有高度关联性,对碰撞发现的问题,只需在一个视图中对模型构件进行修改调整,与之相关的其他视图中同一构件也会自动匹配、相应调整,有效地缩短了设计周期。且模型可添加设计、施工等相关信息数据,可以在 BIM 软件中进行虚拟建造,提前发现施工过程中可能会遇到的问题,并以三维可视化方式进行展示,有利于各方人员及时发现问题。

通过模型对施工阶段的构件和管线、建筑与结构、结构与管线等进行碰撞检查、施工模拟等优化设计,管理人员与施工人员在施工前,就可以对项目中的问题构件进行预处理,消除碰撞。利用优化后的机电管线深化图纸,进行施工交底和施工模拟,使现场施工不再仅仅依靠平面图纸,提高了项目参与人员的认知度,同时加强了参与各方人员协调沟通的能力,减少了沟通协调的时间。

BIM 技术的碰撞检查功能与施工管理相结合,改变了传统的工作方式,促进了管理水平的提高。

6.3.2 项目概况

泰兴市襟江小学镇海校区体育馆项目位于江苏省泰兴市根思东路北侧、文江路东侧。本工程建筑面积约 5 196 m²,结构为框架-剪力墙结构,地下一层,地上三层,总建筑高度 23.9 m,外立面为弧形造型。内含旱冰、乒乓球、室内运动、风雨操场等功能。地上第三层为风雨操场、层高 10.5 m。该项目的效果图如图 6.14 所示。

图 6.14　泰兴市襟江小学镇海校区体育馆项目效果图

6.3.3 实施流程

1) 组织架构

该项目结构复杂,造型独特,参建方众多,项目管理复杂,采用常规施工技术不能满足施工需求。为确保项目的顺利实施,运用 BIM 技术模型,实现项目精细化、数字化管理。针对本工程特点,成立 BIM 技术应用小组,将 BIM 碰撞技术应用到项目建设全过程中。根据 BIM 碰撞的应用特征,分为建筑建模组、结构建模组、安装建模组、模型综合检查组、碰撞应用组五种。其组织架构如图 6.15 所示。

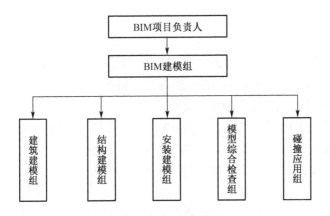

图 6.15　组织架构图

2）应用流程

本项目 BIM 碰撞应用流程如图 6.16 所示。

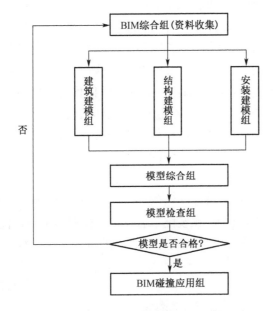

图 6.16　碰撞应用流程示意图

3）BIM 建模

利用 Revit 软件进行建筑建模（含幕墙、装饰）、结构建模（含钢筋、钢结构）、安装建模（强电、给排水、消防、暖通、智能化、电梯）。因建筑、结构、安装建模与设计、造价建模的规则及需求不同，建模时须注意以下问题：

（1）根据需求确定本项目各专业间模型的深度，统一按 LOD300 标准建模；

（2）统一构件命名规则，统一样板文件样式，统一族库引用标准；

（3）进行建筑建模时须同时考虑施工方案及施工措施，建立施工模型；

（4）进行安装建模时须对设计图纸做详细解读，建模过程中对各管线位置、空间关系进

119

行正确理解,减少因错误解读而在模型中引起的碰撞。

4) BIM 碰撞

基于 BIM 技术可将所有不同专业的模型整合成同一模型,综合该项目的实际情况,将建筑、结构、电气、给排水、暖通等专业的模型整合。利用鲁班 Navisworks 软件进行碰撞检查,可以查找专业构件之间的空间冲突可疑点。

(1)结构内部各专业间复杂节点碰撞检查。对复杂的节点钢筋排筋布置、型钢与钢筋连接方式等进行碰撞检查,检查型钢与钢筋之间是否有碰撞。

(2)建筑与结构专业碰撞检查。检测标高、剪力墙、柱等位置是否不一致,例如梁与门之间的冲突碰撞。

(3)建筑、结构专业与设备专业碰撞检查。检测结构与设备专业是否有碰撞,例如管道与梁柱冲突。

(4)设备内部各专业碰撞检查。主要检测各专业与管线的冲突,调整解决管线空间布局问题,如机房过道狭小、各管线交叉等问题。

(5)设备与室内装修碰撞检查。例如管线末端与室内吊顶冲突,对管线标高进行全面精确的定位,发现影响净高的瓶颈位置,精确控制净高及吊顶高度。

(6)支撑支护与主体碰撞检查。施工前地下支撑维护模型(如格构柱、中隔墙、支撑梁等)和地上主体结构模型进行碰撞检查,不仅校验支撑维护方案的合理性(如格构柱偏离支撑),而且校验支撑结构与主体结构间存在的碰撞点(格构柱与主体梁间距过小造成无法施工等问题),避免在主体结构施工时支撑围护影响主体结构施工。

(7)材料上限控制。施工前通过碰撞检查系统查找出设计图纸中遗漏的预留洞口,避免在施工后发现该预留的洞口没有预留而凿洞返工,否则不但费时费工影响施工进度,而且现场凿洞返工对结构有一定的影响,存在结构安全隐患。

(8)管线综合检查。通过对设计图纸的综合考虑及深化设计,在施工前先根据所要施工的图纸利用 BIM 技术进行构件"预装配",通过三维模型的可视化优势直观地把设计图纸上的问题全部暴露出来,尤其是在施工各专业之间的位置冲突和标高"打架"问题。管线综合图如图 6.17 所示。

管线综合系统碰撞优化

避让原则:
小管让大管
可弯管让不能弯的管
分支管让主干管
有压管让无压管
金属管让非金属管

图纸设计规范:
管道发生交叉时,向上进行翻行

图 6.17 管线综合

冲突检查人员负责对检查结果进行记录,可以出综合管线图(经过碰撞检查和设计修改,消除了相应错误后)、综合结构留洞图(预埋套管图)、碰撞检查报告和建议改进方案,经相关单位优化后按实施先后顺序形成虚拟施工交底视频,指导现场施工。

通过管线综合,确保施工方案合理化,避免材料浪费;建立模型后可出任意平面或剖面二维图纸,有利于指导现场施工。这为选择综合支架提供了方案依据,同时合理排布避免了返工,保证了工期。本项目通过管线综合优化,实现了空间净高的最大化,部分空间将原设计标高提升了 0.1~0.5 m,有效体现了 BIM 技术在施工项目中的实施价值。

6.3.4 应用成效

1)图纸优化

对于大型公共建筑,在项目设计、施工阶段通过 BIM 技术将各专业建筑信息模型整合到统一的三维模型中,进行碰撞检查,可以发现大量设计错误和不合理之处,以达到设计图纸持续优化的目的。

碰撞检查是一个持续优化的过程。设计阶段的碰撞检查是基于图纸的理论碰撞结果,更多作用在于发现设计阶段本身的问题。由于各专业分开设计产生的设计不合理,碰撞只是建筑与机电、机电与机电预判碰撞。由于施工阶段的碰撞检查必须结合施工方案、结构偏差及深化设计方案查找碰撞点,因此可以发现影响实际施工的碰撞点。

因此,即使设计阶段已经做了碰撞检查,施工阶段仍然很有必要再做碰撞检查。

2)消除变更与返工

图纸错误导致的设计变更或返工引起的进度延误和成本增加已经司空见惯。随着 BIM 技术应用的不断深入,使用 BIM 技术的碰撞检查可以消除 40% 的预算外变更。其既便于施工单位发现问题,向设计单位反馈,向施工班组交代碰撞问题,也便于提前做好预留洞口,确认最优方案。

3)减少进度延误

BIM 技术强大的碰撞检查功能,有利于减少进度延误。大量的专业冲突延误了进度进程,大量的废弃工程、返工,也造成了巨大的材料、人工浪费。设计院为了效益,尽量降低设计工作的深度,交付成果很多是方案阶段成果,而不是最终的施工图,需要深化设计。还需要考虑施工的结构偏差、施工措施、施工方案等,才会真正实现实际施工时不会发生碰撞。利用 BIM 系统实时跟进设计,可以第一时间反映问题,第一时间解决问题,避免大量结构打洞,带来进度和质量的提升。

7

优化性应用

7.1 基于 BIM 的机电深化设计

7.1.1 引言

1）机电深化设计

建筑工程项目中,机电施工图纸从方案设计到施工图设计通常由设计单位负责完成。设计单位选择设备参数时一般参照某一厂家进行设计,该产品参数往往不是通用技术参数,设备现场平面布置、预留洞等与设计的相关参数不能完全一致,加上工期等其他因素限制,设计人员大都没有充足的时间仔细推敲图纸的系统性、完整性和合理性,导致很多问题在施工过程中才能被发现。因设计错误而造成的返工、浪费现象较为普遍,严重影响了工程质量和进度。

在大型复杂的建筑项目中,往往工程量大、工期紧,设备管线的布置由于系统繁多、各种管线纵横交错、错综复杂,常出现管线之间或管线与结构构件之间发生碰撞情况,影响建筑室内净高,造成返工或浪费,甚至存在安全隐患;复杂的空间关系,特别是地下室、机房及周边的管线密集区域的处理尤其困难。

机电深化设计是指在机电施工图的基础上进行二次深化设计,包括安装节点详图、支吊架的设计、设备的基础图、预留孔图、预埋件位置和构造补充设计,以满足实际施工要求。机电深化设计主要包括专业深化设计与建模、管线综合、多方案比较、设备机房深化设计、预留预埋设计、综合支吊架设计、设备参数复核计算等。

机电深化设计不仅可以解决原设计与实际施工中的问题,还可以提高机电安装工程的施工品质,缩短施工周期,实现业主对产品功能的更高要求。机电深化设计在合理的综合布置各专业管线、优化完善各系统的设计、提高系统的品质等方面有积极的作用。

传统的机电深化设计主要依靠工程师的空间想象能力和施工经验,通过二维管线综合设计来协调各专业的管线布置,将各专业的平面管线布置图进行简单的叠加,对叠加后的图纸进行逐个区域的分析,确定各种系统管线的相对位置,进而确定各管线的原则性标高,再对关键部位绘制局部剖面图。由于管线交叉的位置靠人眼观察难以进行全面的分析,碰撞无法完全暴露及避免;尤其一些复杂的大型建筑,当梁高变化较大时,常常解决了管线之间的碰撞,却忽略了管线与梁之间的碰撞;管线交叉的处理均为局部调整,很难将管线的连贯性考虑进去,可能会顾此失彼,解决了一处碰撞,又带来新的碰撞。经常由于设计不到位、管线发生碰撞而导致施工返工,造成人力物力的浪费、工程质量的降低及工期的拖延。

2)基于 BIM 的机电深化设计的新内涵

基于 BIM 的机电深化设计是指对各专业模型进行优化并对其进行集成、协调、修整,最终在此模型的基础上得到各专业详细施工图纸,以满足施工及工程管理的需要。通过 BIM 技术将各专业模型汇总到同一模型中,运用碰撞检测功能,进行空间分析,检查管线布置是否合理,可以快速检测到空间某一点的碰撞,然后由各专业人员在模型中调整好碰撞点或不合理处后再导出 CAD 图纸。BIM 技术具有可视化、多专业协同设计等优势,建筑信息不再局限于二维平面,各部件的空间位置一目了然,方便各方面人员之间的沟通与交流。三维立体模型能有助于更加直观、准确地发现设计图纸所存在的问题,及时改进图纸。

BIM 技术应用下的任何修改能充分发挥参数化联动特点,从参数信息到形状信息各方面同步修改,无须重新绘图,更改后的模型可以根据需要生成平面图、剖面图以及立面图,从而提高了工作效率。

BIM 技术因为其直观形象的空间表达能力,能够很好地满足深化设计,具有关注细部设计、精度高的特点,可以精确地进行预埋管道,减少后期二次施工。

3)基于 BIM 的机电深化设计的优势

利用 BIM 软件绘制的三维模型,进行碰撞检测,能够快速准确地查找碰撞点,并进行合理的调整。可以避免出现各专业管线交叉、碰撞问题,或避免因标杆、结构问题,管线设备无法安装的问题,所有机电管线可以一次安装到位;机房空间分配合理,设备、阀门、仪表成排成线,管线布置美观、大方。利用 BIM 软件绘制的三维模型不仅直观准确,而且可以对任意部位进行剖切,生成断面图,方便指导施工。

BIM 技术通过建立数字化的 BIM 参数模型,涵盖与工程相关的大量数据信息,在建设项目的深化设计阶段中,在保证设计质量、缩短设计工期、减少施工中返工等方面发挥了巨大的作用。

与传统二维设计相比,基于 BIM 的机电深化设计有如下优势:

(1)基于 BIM 的三维模型将所有专业模型整合在一个模型里,模型是按1∶1的比例建立的,从而将二维图纸上看上去没有碰撞,而实际可能存在问题的位置暴露出来。

(2)基于 BIM 的三维模型作为可共享的信息载体,使得各专业、各参与方都能够通过模型了解、修改各种信息,解决了信息缺失的问题。参与方还可以在模型里浏览、漫游,更加直观地看到整个项目的真实效果。

(3)基于 BIM 的三维模型就是信息的集成,它包含了各种设备管线及其他工程材料的信息数据,能够对工程量及材料用量做出精准的统计,模型修改后,统计出的明细表也能及时更新;运用过滤器,赋予机电各专业不同的颜色,即使非专业人员也能直观地看懂管线布置情况。还可以对管线标高进行精确定位,直观反映楼层净高的分布状态,找到净高不足处,从全局出发优化管线排布。

（4）BIM 软件中的碰撞检查功能能够通过计算机全面地检测出管线与土建结构之间、管线与管线之间的所有问题,并反馈给各专业设计人员,经过调整后,理论上可以达到"零碰撞"。同时可以根据管道的调整修改,精确预埋,减少因二次浇筑混凝土不密实而引起的渗漏。

基于 BIM 的机电深化设计最终可以生成二维图纸,包括管线综合图、结构预留孔洞图、剖面图等,还可以根据碰撞检查结果,提供改进方案。

7.1.2　项目概况

泰兴市高新区曾涛路南侧地块商业综合体项目位于泰兴市高新区曾涛路南侧、科太路东侧,总建筑面积约 21 610 m²。本项目为一幢局部十八层的商业综合体,建筑高度为 69.8 m,建筑结构为框架-剪力墙结构。该工程机电专业包含通信网络、计算机网络、结构化综合布线、闭路电视监控及防盗报警、公共广播、停车场管理、会议、大屏幕显示及触摸式多媒体信息查询系统等多个系统。由于机电设备在建筑物内分布密集、结构复杂,建筑结构需要预留大量洞口满足机电施工需要,因此传统的机电深化设计方式已不能满足工程建设需求。为了提高技术水平,本项目采用 BIM 技术对机电系统进行三维建模、综合排布、碰撞检测、深化设计、技术交底、指导工程施工,取得了良好的效果。该项目效果图如图 7.1 所示。

图 7.1　商业综合体项目效果图

7.1.3　实施流程

1) 整体策划

该项目机电专业包含多个系统——强弱电、给排水、消防、暖通、电气等多个专业,机电系统全面且复杂,各种机电管线纵横交错,施工安装难度大,专业协调难以统一。为了减少因设计不到位、管线发生碰撞而导致的施工返工,以及由此造成的人力、物力的浪费,本项目应用 BIM 技术建模,进行机电深化设计,流程如图 7.2 所示。

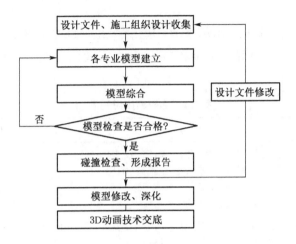

图 7.2　机电深化设计流程示意图

2) 资料收集

在 Revit 机电模型制作前,根据已确定项目,收集相关文件资料,资料包括:

(1) 机电各专业(暖通、电气、给排水、消防、弱电等)图纸;

(2) 相关的施工方案、施工合同以及技术交底文件;

(3) 机电设备的相关参数、品牌等信息;

(4) 相关规范标准文件。

首先,深化设计部将收集的资料仔细阅读,做到对相关工艺施工方法、施工步骤、完成效果心中有数。其次,根据合同图纸对机电各专业(暖通、电气、给排水、消防、弱电等)的图纸进行深化,熟悉合同中的技术规程,清楚各个系统的设计依据、材料要求、检测标准等,将技术规程中的要求反映到专业施工图纸中,并根据设计依据,对各个系统的参数进行校核,绘制系统图纸和制定设备参数表。

3) 创建模型

(1) 建模范围

根据图纸构建 BIM 三维模型,分为结构组、建筑组、机电组,并构建覆盖结构、建筑、给排水、机电组等结构的模型,在各个构件上标注参数,包括构件的尺寸、规格、设备型号及构建材料等信息。

机电深化设计模型按专业、子系统、楼层、功能区域等进行组织实施,范围包括给排水、暖通空调、建筑电气等各系统的模型元素,以及支吊架、减振设施、管道套管等用于支撑和保护的相关模型元素。

各专业工程师根据合同图纸对机电各专业进行二维深化设计,并进行初步管线综合平衡设计。同时,BIM 小组对项目设计图纸进行分析,制定建模标准,并根据建筑、结构图纸建立建筑模型和结构模型。待机电专业图纸审批通过后,BIM 小组进行各专业设备管线的建模,并将建筑模型、结构模型与机电各专业模型整合,再根据各专业要求及净高要求将综合模型导入相关软件进行碰撞检查,然后根据碰撞报告结果对管线进行调整、避让,得出施工模型并汇成文档出图。

(2)建模精度

根据《建筑信息模型施工应用标准》(GB/T 51235—2017),确定本项目模型细度为LOD350,须确定具体尺寸、标高、定位和形状,包含必要的专业信息和产品信息,具体如表 7.1 所示:

表 7.1　建模精度说明表

序号	专业	模型内容	说明
1	给排水系统	给排水及消防管道、管件、阀门、仪表、管道末端(喷淋头等)、卫浴器具、消防器具、机械设备(水箱、水泵、换热器等)、管道设备支吊架等	具体尺寸、平面位置、标高等定位信息
2	电气系统	桥架、桥架配件、母线、机柜、照明设备、开关插座、智能化系统末端装置、机械设备(变压器、配电箱、开关柜等)、桥架设备支吊架等	1. 双回路设置; 2. 具体尺寸、平面位置、标高等定位信息; 3. 相关设备参数、规格型号等信息
3	暖通系统	风管、风管管件、风道末端、管道附件、阀门、仪表、机械设备(制冷机、锅炉、风机等)、管道设备支吊架等	1. 具体尺寸、平面位置、标高等定位信息; 2. 相关设备参数、规格型号等信息
4	弱电系统	楼宇监控、视频监控、电子巡更、火灾自动报警、门禁系统、停车管理系统、计算机网络、会议等,弱电设备、控制器、桥架等	1. 具体尺寸、平面位置、标高等定位信息; 2. 相关设备参数、规格型号等信息

基于 BIM 技术可视化、多专业协同设计等优势,建筑信息不再局限于二维平面,各部件的空间位置一目了然,方便各方面人员之间的沟通与交流。三维立体模型能有助于更加直观、准确地发现设计图纸所存在的问题,及时改进图纸。在机电模型建立的过程中,由于管道错综复杂,建模工作大量重复且繁杂,因此利用红瓦科技二次开发的插件可以缩短建模时间,提高 BIM 技术应用效率。

基于 Revit 平台,应用红瓦科技的快速翻模插件(如图 7.3 所示),可将 CAD 图纸中的建筑信息参数直接读取并转化成三维模型。将 CAD 图纸导入 Revit 中,利用其管道识别功能对 CAD 图纸的图层信息进行识取,快速创建给排水专业模型。对于数量繁多的管道附件,可以通过附件转换功能进行转换,转换完成后须对照 CAD 图纸对管道模型进行检查,以确保模型的精确度。其他机电专业也可利用该插件将建筑信息参数转化成建筑信息模型,减少 BIM 技术人员的工作量。最后,根据机电专业的不同,划分不同的系统,建立一套完善的机电系统;并对每个系统设置一个过滤器,对不同的机电系统进行不同颜色的设置,便于后期统一查找、修改及管理。

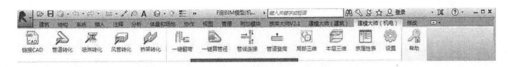

图 7.3 红瓦科技快速建模操作界面

4) 模型综合深化

机电深化设计是在机电施工图的基础上进行二次深化设计,包括安装节点详图、支吊架的设计、设备的基础图、预留孔图、预埋件位置和构造补充设计,以满足实际施工需求。

设备管线的建模与调整、避让其实是无法截然分开的过程,常常是一边建模一边调整避让。

(1) 机电模型优化排布

结合建筑模型与机电管综排布原则,按机电各系统逐一排布。在明确各机房的机组设备信息后,精准深化模型,完善各个参数。机电工程中,各种管线纵横交错、错综复杂,施工中难免发生管线碰撞而导致返工,严重影响工程进度。BIM 技术可以有效解决这一问题。在初步模型建立后,全面审查各类管线分布情况,并分析后期施工是否会发生管线碰撞,同时对保温层、工作面及检修面等关键部位进行合理预判,避免管线碰撞问题的出现。

管线碰撞检测,首先要综合分析整个模型,判断是否存在不符合布线要求的管线。其次,综合检查保温层、操作空间及检修空间,判断安全规格是否符合要求,该步骤一般通过碰撞试验进行检查。然后,综合分析检查结果,适当调整不符合要求的管线。尤其需要注意的是,管线碰撞检测的技术规范必须统一,从而使各类管线同属统一的监管范围,避免技术规范不统一造成难以调整的情况。通过管线碰撞检测,可以使机电工程中存在的问题显现出来,技术人员通过适当调整管线,使管线布局更合理,从而最大限度地节约施工时间,提高施工效率(图 7.4)。

图 7.4 管线综合三维图

（2）确定预留孔洞

利用 BIM 技术可以在施工前发现设计与实际不符的情况，如净高、构件尺寸标注不合理、预留洞口位置不合理等情况，提前发现问题、解决问题，减少返工，从而避免质量问题。经过深化设计后的机电管线综合模型，依照确定的位置可以在建筑模型上开孔，最终生成预留孔洞图纸。处理主体预留孔，根据管中心标高、轴线位置确定套管定位尺寸，再根据管道大小确定套管大小，确保保温管套管的内径大于管道保温后的外径。施工人员应对现场孔位置反复检查、确认，若存在误差，需要及时调整管线，并把相关信息反馈到模型与施工图纸中。利用 BIM 技术可以 3D 模拟各类管线的连接方式、标高、施工工艺及位置，并清晰地标注出碰撞点，有利于技术人员优化施工方案，减少设计方案与具体施工的误差。在BIM 软件平台上可以随时进行施工模拟，把调整后的设计方案通过 3D 剖面图或动漫等形式呈现出来，使施工人员直观地了解施工步骤，从而提高施工效率，保障施工质量。

5）模型审核

建模及管线深化环节完成后，需要进行模型的审核工作。模型审核是一个很关键的步骤，对最后的施工效果产生直接影响。首先，在碰撞调整及管线深化完成的基础上针对重点部位如机房和关键走廊等位置进行管线的合理性审核后，再进行指导施工工作。其次，将专业施工图导入机电 BIM 设计建模软件中翻模并进行管线综合平衡设计，得到施工模型和综合图。最后，根据通过审批的施工模型对机电各专业图纸进行调整修改并得到专业施工图。

7.2　基于 BIM 的施工场地布置

7.2.1　引言

1）施工场地布置

施工场地布置是施工方案在施工场地的形象表现。已建建筑与拟建建筑、拟建建筑与临时设施之间的相对位置关系能在这一环节中得到有效的体现。施工场地布置的合理性将对项目进度、成本、安全、质量都产生直接而重大的影响。所以在项目开工前，施工企业应对场地进行合理的布局，这是保证项目顺利进行的先决条件。

施工场地布置主要包括下列内容：

（1）施工主、次出入口。场地规划布置的第一步是确定正门的位置，这是施工人员和材料的主要出入口。一般情况下，正门的位置与设计的正门位置一致。另外，一般施工现场都需要设置次要出入口，避免施工高峰时段进出工地的物料过于拥挤，也便于工人撤离。

（2）临时施工道路。市政道路与现场连接后，须设置建筑物资运输道路，道路一般在建筑物周围布置成环状，以方便物资运输，道路宽度不小于 6 m。

（3）垂直输送机械布置。垂直运输机械，如塔式起重机、垂直升降机等，应根据拟建建筑物的大小、位置、高度合理布置。布置的时候要注意机械覆盖半径应包括所有建筑物，同时也要考虑提升荷载。如果需要吊车，需要考虑吊车的行走路线。

（4）临时用电布置。施工总承包单位进场时，由施工单位提供临时变压器。施工单位须根据变压器位置，兼顾生活用电和施工用电，合理设置现场配电系统。

（5）临时供水布置。根据市政部门提供的临时取水点，设置临时供水系统，包括消防用水、生活用水和施工用水。

（6）物料堆放位置。建筑所需的材料有很多种，包括成品、半成品和原材料。物料堆放位置应根据不同的施工周期合理设置。例如：在主要施工阶段，应考虑各种材料堆放、加工和半成品区域；在装修阶段，应考虑成品堆放面积。布置整体物料堆放区的原则是尽量减少物料的二次运输，便于物料的起吊、运输和拆卸。

（7）居住区的布局。合理安排现场工作人员和管理人员的生活区，保证他们基本生活起居的方便。只有生活舒适，他们才能有更多的精力工作。

传统施工场地布置是由项目部在分析现有施工场地的实际情况后，根据场地勘探文件、施工组织设计文件、设计文件，在 CAD 总平图上框选出部分区域布置不同阶段现场临时设施。一般这种情况下，项目部是根据以往的工程经验进行场地布局的，因此不同功能的临时设施所占用的面积不够精确，临时设施的效果不能较好地体现出来，施工场地布置方案的效果无法在正式施工前进行有效的验证。

2）基于 BIM 的施工场地布置的新内涵

最近几年，国家正在大力推进建筑行业 BIM 技术的发展。BIM 技术是管理集成数据的手段。可通过利用 BIM 技术建立施工场地布置三维模型，三维模型中包含房间尺寸、功能面积、相对位置长度、建筑高度等信息，基于 BIM 的施工场地布置可以很好地避免传统做法的弊端。从施工方的角度看，基于 BIM 的施工场地布置能够快速精确地计算每个功能临时设施的占地面积、各个临时设施不同房间的使用面积、场地利用率等指标，对于有效利用施工场地起着重要指导作用；同样对于施工场地紧张的项目，可以基于 BIM 的施工场地布置三维模型进行精细化管理，合理利用每一寸面积，做到不浪费；同时在正式施工前完成施工场地布置三维模型的创建，可以在可视化的环境中浏览场地布置效果，提前发现遗漏以及不合理布置，避免正式施工后的重复工作，减少不必要的成本支出。同样从业主的角度出发，基于统一的 BIM 施工场地布置模型，有利于施工透明化，避免扯皮，对于控制总投资有利。

3）基于 BIM 的施工场地布置的优势

如果现场施工用地比较紧张，基于传统 CAD 的施工场地布置劣势就会显现出来，导致在实际布置时，某些临时设施因占地面积过大而现场布置不下的情况发生；图纸布置面积远超过实际使用面积，导致土地浪费；如果从主体结构阶段转换到装修阶段，现场临时设施发生转变，还可能造成装修阶段临时设施没有土地可以使用等情况发生；平面图不够直观，当临时设施布置完成后，不能第一时间发现错漏，还会导致二次搬运、能源浪费等。总之，基于传统 CAD 的施工场地布置还属于粗放式的管理，会造成使用不佳、浪费等多种情况。此外，随着城市化进程的加快，土地的高密度开发利用，城市建筑场地狭窄、与周边建筑距离过近等问题日益突出，给场地布局带来了更大的难度。此外，传统的施工现场布局容易发生动态变化，缺乏对施工过程中可能产生的安全隐患的考虑。上述问题可能会延误计划进度并造成经济损失。

采用 BIM 技术可以充分利用 BIM 的三维属性,提前查看场地布置的效果,准确得到道路的位置、宽度及路口设置,以及塔吊与建筑物的三维空间位置,形象展示场地 CI(企业标识)布置情况,并可以进行虚拟漫游等展示,直接提取模型工程量,满足商务算量要求。

通过 BIM 技术制作施工场地布置可以满足技术、商务、现场以及办公室等部门的多重需要,这就要求我们在模型建立的过程中充分考虑到各方的需求。

7.2.2 项目概况

中交四公局泰兴 PPP 产业创新中心项目(图 7.5)位于江苏省泰兴经济开发区通江路北侧、襟江路西侧,总建筑面积 21.9 万 m²,地下面积 7.38 万 m²。地上包括 1♯科普及产品中心展示楼、2♯企业技术教育中心楼、3♯～6♯科研孵化及加速器楼。2♯楼为最高建筑,建筑高度 109.9 m,地下 2 层、地上 24 层,框架-剪力墙结构,在立面上采用风帆巨轮的造型,体现经济开发区发展所具有的积极澎湃的动力和无畏前行的精神,与 1♯科普及产品中心展示楼一起成为泰兴市新的地标性建筑。

图 7.5 泰兴经济开发区产业创新中心项目效果图

7.2.3 实施流程

1) 整体策划

通过与项目部进行深入探讨分析,本项目施工阶段场地布置分为土方开挖阶段场地布置、主体结构阶段场地布置、机电安装阶段场地布置、装修阶段场地布置四类。不同阶段的场地布置类型不同,所占用的土地面积也不同。不同阶段间的场地布置衔接转换流畅,严格按照进度计划分配。做好不同阶段场地布置与进度节点的对应。为保证此工作的有序性及规范性,在工作开始之前制定了完整的工作流程。具体工作流程如图7.6所示。

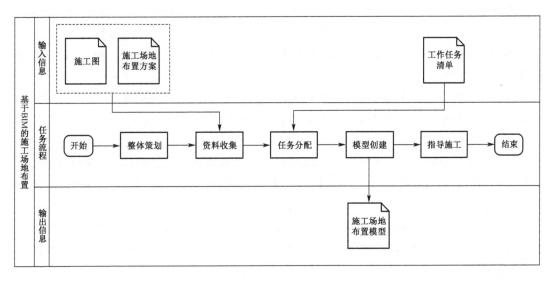

图 7.6　工作流程示意图

确定流程后,对工作任务进行梳理分配,形成任务分配清单文件并及时更新工作完成情况。以任务分配清单为依据,责任到人,相关人员严格按照规定的时间计划完成相应的工作。明确的分工和详细的时间节点计划可以有效提高人员的工作效率,调动相关人员工作的积极性。每完成一个工作节点后,由公司 BIM 工作站牵头,联合项目技术部对相关 BIM 工作成果进行检查审核,以保证工作按时且高效的完成。

2）资料收集

创建 BIM 施工场地模型须区分场地的不同阶段,阶段不同,场地的临时设施就不同,所以创建完整、准确的场地模型需要收集不同阶段相关的文件资料,资料包括:

（1）施工图;

（2）施工场地布置方案;

（3）设计变更;

（4）洽商单;

（5）建模标准;

（6）其他设计文件。

创作模型前将收集到的资料仔细阅读,对图纸、方案表达的意思进行准确无误的理解,然后进行下一步骤模型的创建。充分理解相关的技术资料后再进行建模,保证后期建模的准确性和真实性。保证所创建的模型与实际施工完成后的效果相同,可以指导现场实际施工,起到样板先行的作用。

3）创建模型

根据收集的施工图、施工方案等设计文件创建不同阶段 BIM 施工场地布置模型,需要创建的施工场地布置模型分为土方开挖阶段场地布置模型、主体结构阶段场地布置模型、机电安装阶段场地布置模型、装修阶段场地布置模型四类。模型创建过程中,临时设施的数量、尺寸、位置等信息需要与设计图纸保持一致;不同的临时设施材质信息应当区分开;各个临时设施功能名称、占地面积需要在模型中统一标注,便于精确统计土地使用面积;模型创建时应保证基点、轴网与主体结构模型、机电安装模型、精装修模型保持一致,利于模型后期的更新替换;各阶段场地布置模型创建完成后,应分别链接主体结构模型、机电安装模型、精装修模型。

模型精细度宜达到 LOD350。对于模型创建过程中发现的图纸问题,应整理成问题集发给项目部。场地布置模型创建完成后,应由 BIM 审核工程师进行审核,确保构件尺寸、位置等信息与图纸保持一致。

(1)土方开挖阶段场地布置模型。该阶段场地布置模型应表达出土方开挖的位置、开挖的尺寸、放坡、运土斜坡位置、土方堆场、其他堆场、临时围挡、场内道路、工地大门、洗车池、门卫、宿舍、办公、厕所、餐厅等(图 7.7)。

(2)主体结构阶段场地布置模型。该阶段场地布置模型应表达出主体结构模型、外层脚手架、塔吊、钢筋堆场、钢筋加工棚、木工加工棚、木材堆场、其他堆场、临时围挡、场内道路、工地大门、洗车池、门卫、宿舍、办公、厕所、餐厅等(图 7.8)。

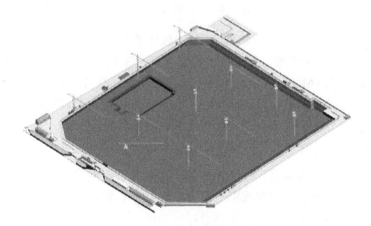

图 7.7　土方开挖阶段场地布置模型

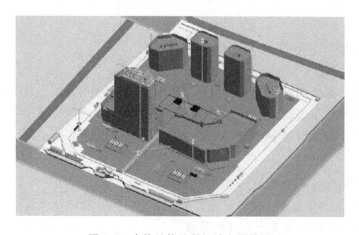

图 7.8　主体结构阶段场地布置模型

4）指导施工

BIM 场地布置模型创建完成后，可用于指导现场施工。为便于指导现场施工，可以将模型转换为轻量化模型，通过便携式平板电脑指导施工；根据施工人员习惯，也可以将模型打印成纸质版 3D 模型或者平面图纸。指导施工操作流程如下：

（1）方案讨论。施工场地布置模型创建完成后，基于可视化的情况下与项目施工人员讨论施工场地布置模型，直至最终施工场地布置模型符合要求。

（2）技术交底。施工场地布置模型确定之后，BIM 工程师基于可视化的情况下进行技术交底。

（3）指导施工。将施工场地布置模型转换成轻量化模型导入到 BIM 360 中，通过便携式平板电脑指导施工（图 7.9）。

图 7.9　BIM 360 展示模型

7.3　基于 BIM 的临电方案编制

7.3.1　引言

1）临电方案编制

根据《施工现场临时用电安全技术规范》(JGJ 46—2005)第 3.1.1 条款的规定：当施工现场临时用电设备在 5 台及以上或设备总容量在 50 kW 及以上者，应编制临时用电组织设计。

临时用电施工组织设计方案编制的目的主要有两点：一方面，使施工现场临时用电工程有一个可遵照的科学根据，从而保证施工现场临时用电系统运转的安全性和可靠性；另一方面，临时用电组织设计方案作为施工现场临电系统建设的主要技术资料，有利于增强对施工现场临时用电工程的技术管理。因此,编制临时用电施工组织设计方案是保证施工现场用电安全首要的、必不可少的根本性技术要求。

在编制施工现场临时用电施工组织设计方案的过程中需要遵循以及参考的技术文献,主要包含以下两方面的内容:

(1) 工程施工合同文件、施工图纸和总施工组织设计等技术资料;

(2) 相关法律法规、规范标准和规定,企业发布的相关标准和规定等文献。

另外,在编制施工现场临时用电施工组织设计方案的过程中应收集和掌握能反映项目实际工况与现场作业条件的技术资料。这些资料是有针对性的、科学合理的临电方案的基础,因此需要将其尽可能真实完整地反映在临时用电施工组织设计方案中,主要包括以下几方面内容:

(1) 项目场地条件、建设和设计概况;

(2) 施工阶段划分与平面布置策划;

(3) 主要机械设备的施工用电统计。

传统的施工现场临时用电施工组织设计方案编制时,针对临时用电设备布置及总负荷计算,一般为现场技术部技术人员手动计算施工现场临时配电系统负荷,计算过程较为烦琐,且极为不便。同时,采用手动计算的方式也容易因技术人员的疏忽而导致计算失误,给临时用电布置造成后期隐患,从而影响工程进度。如若计算后发现变压器容量不满足施工现场临时用电需求,修改原设计方案后则需要技术人员针对新方案重新计算,极大地增加了工作负荷。

2) 基于 BIM 的临电方案编制的新内涵

基于 BIM 的临电方案编制技术可以利用 BIM 软件搭建施工临时用电系统和设备,同时添加设备的功率、电压、负荷等参数信息,在 BIM 软件中实现各临时用电设备系统的连接,实现各参数自动统计计算,精准快速地输出计算结果。

基于 BIM 的临电方案编制须在工程施工准备阶段,完成施工现场临电前期规划,在 BIM 软件中创建施工现场临时用电设备、配电设备和集成电力系统的三维模型,各模型构件须添加相关参数化用电属性信息。模型创建完成后,根据施工现场临电前期规划布置图,对已经建立模型的临时用电设备和各级配电装置进行精准布置,同时生成临时电力系统,将现场临时用电设备和配电装置进行关联,根据明细表获取所述用电设备和所述配电装置的基本信息和预设计算参数。对所述目标施工现场中的总用电量计算值以及变压器功率计算值进行复核计算,根据所述变压器的容量与所述目标施工现场的用电高峰时的总负荷,确认所述变压器的容量是否能满足所述目标施工现场的施工用电需求。

3) 基于 BIM 的临电方案编制的优势

基于 BIM 的临电方案编制相较于传统的施工现场临电方案编制,其临时用电的总负荷计算方式发生了实质性变化。利用 BIM 技术的参数化优势,在 BIM 软件中实现了用电参数的自动计算和分析,摆脱了手动计算的烦琐,计算过程更为简单、高效,且有效避免了因技术人员的疏忽而导致的计算失误,提升了施工现场临时用电方案的准确性和可靠性。

基于 BIM 的临电方案系统同类型模型仅须创建一次便可实现复用。以施工垂直运输机械塔吊为例,创建塔吊模型并赋予相应计算参数和荷载分类等内容之后,后续如需二次使用,无须重复建模,只要基于当前塔吊模型重新赋予相应的信息即可,具有可套用性、复用性和实用性。

基于 BIM 的临电方案完成对施工现场临时用电总负荷计算之后,如发现变压器容量不满足施工现场临时用电需求,需要改动原设计方案时,针对改动内容对模型进行调整后,可基于明细表快速计算出改动后的总负荷和变压器容量,实现了模型布置情况与计算的联动,极大减轻了技术人员的工作负担。此系统可以检查临时用电设备是否正确布置,并且可以预测可能发生的电力问题。通过这种方式,可以提前发现并解决临电方案中可能存在的问题,降低施工风险。

基于 BIM 的临电方案编制不仅可以提高技术人员的工作效率,还可以优化电力使用,节约施工成本,保障用电安全。同时,还可以为施工节能减排提供新的思路和方法。

7.3.2　项目概况

辽宁省肿瘤医院新建病房综合楼项目位于沈阳市大东区。根据辽宁省肿瘤医院园区建设十年总体规划(共计六期,现已建成二期,本项目为第三期建设),本项目为第三期新建病房综合楼,第四期地下停车场、第五期科研中心、第六期休闲咖啡厅及地下停车场为远期规划项目。本项目位于现状院区中部,用地核心位置。其中,院区南侧为景观最佳朝向,院区主入口开设在南侧小河沿路,次入口开设在小什字街。本项目总用地面积49 023.54 m²,规划总建筑面积 243 678.44 m²。保留建筑总建筑面积 85 952.22 m²,地上 22 层(含机房层),地下 2 层。该项目效果图如图 7.10 所示。

本项目的施工平面协调管理是总承包管理中的重要组成部分,是项目施工的基础和前提。合理的规划和协调方案能够在项目开始之初就从源头减少安全隐患,是方便后续施工管理、降低成本、提高项目效益的重要方式。项目施工开始前,BIM 工程师与各专业分包方基于二维施工平面布置图进行沟通交流,确定最终方案。

图 7.10　辽宁省肿瘤医院新建病房综合楼项目效果图

7.3.3 实施流程

1）工作流程

施工现场活动本身是一个动态变化的过程,施工现场对材料设备的需求、可利用的场地空间等也是随着项目施工的不断推进而变化的,普遍采用的不参照项目进度进行的静态布置方案,很有可能变得不适应项目施工的需求,也很难协调各分包对于施工平面不同阶段的施工需求,最终导致对整个施工场地布置方案进行反复的重新规划。这样必然投入更多的人力、物力进行搬运和拆除工作,因此不仅造成了大量的经济损失,也大大延长了施工工期。传统的临时用电方案编制需要技术人员多次手动计算,而基于 BIM 的临时用电方案编制可以通过建立参数化用电设备、配电装置及电力系统,基于施工平面布置图完成临时用电平面布置,自动生成临时用电明细表。基于自动定义的参数计算关系,BIM 软件自动计算电量及功率复核,实现了参数可调、计算自动等功能。基于 BIM 的临电方案编制流程图如图 7.11 所示。

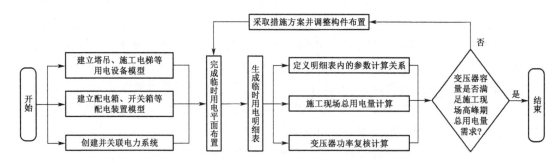

图 7.11　基于 BIM 的临电方案编制流程示意图

2）模型创建

BIM 工程师在施工前期结合施工场地平面布置图(图 7.12)以三维建模方式创建各种

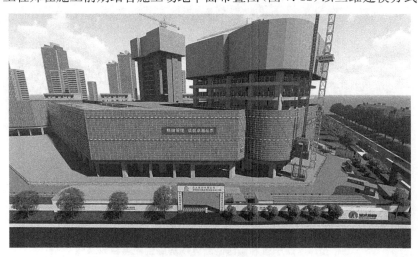

图 7.12　场地布置模型示意图

用电设备的模型,如塔吊、施工电梯等用电设备模型和配电箱、开关箱等配电装置模型,根据各类设备型号,在 BIM 软件中为各设备关联不同的参数计算数值,如设备名称、型号、电压、功率、功率因数等,为施工场地临时用电提供准确的数据支持。这些设备的参数核对和修正也需要与相关工程师及供电公司等单位进行沟通和确认。

在将单个设备模型创建完成后,BIM 工程师在软件中将相关模型进行关联,建立临时用电系统。通过将不同的模型绑定或组合在一起,可以快速实现电力系统的布置,为施工人员提供直观、可视化的布线指引。尤其在施工场地狭小且复杂的项目中,可以帮助工作人员有效地规划现场用电设备的布置和配电线路的走向,这为施工人员的临电方案编制工作提供了更方便、灵活的工具,提高了施工临时用电的安全性和可靠性。

3) 现场用电设备统计

完成了用电设备、配电装置及电力系统的布置后,通过对模型中各个区域设备进行标注和绑定,可以在 BIM 软件中利用明细表功能实现电力系统各设备参数信息的快速统计和计算,可以快速准确地获取场地内每个区域的用电设备信息,例如设备名称、规格、型号、数量、功率等详细参数,从而形成一份翔实的用电设备统计表(图 7.13)。

2-施工现场临时用电总负荷复核表(精简版)							
配电/开关箱名称及编号 ★标记★	类型	△电动机的平均 功率因数△	△未预计施工用电 系数(K)△	◆用电设备总需要 容量(P)◆	变压器功率复核计算参数		◆变压器功率复核 计算值(P)◆
					△功率损失 系数(K)△	△用电设备功率 因数(cosφ)△	
1-ZDX1	配电柜	0.75	1.05	239.82 kVA	1.05	0.75	292.32 kVA
2-PDX1	配电箱	0.75					
2-PDX2	配电箱	0.75					
2-PDX3	配电箱	0.75					
3-KGX1	开关箱						
3-KGX2	开关箱						
3-KGX3	开关箱						
3-KGX7	开关箱						
3-KGX8	开关箱						
3-KGX9	开关箱						
3-KGX10	开关箱						
3-KGX11	开关箱						
3-KGX12	开关箱						
3-KGX13	开关箱						
3-KGX16	开关箱						
3-KGX17	开关箱						
3-KGX18	开关箱						
3-KGX19	开关箱						
3-KGX20	开关箱						

■ 必须根据实际情况进行调整列
■ 可根据实际情况进行调整列
■ 计算结果列

图 7.13　用电设备统计表截图

统计表不仅可以为项目管理人员提供数据支持,使得临时用电设备的维护和管理更加有条不紊,而且可帮助管理人员直接查询到需要的设备信息,提高了使用效率和安全性。而且,这些细致的临时用电设备统计数据也可以为今后的绿色节能施工提供丰富的数据支持。BIM 技术的应用使得建筑模型的创建和管理变得更加高效和智能化。

4) 用电量计算

依托于 BIM 技术,可以对现场用电设备进行定位、分类和统计,以便于更好地了解用电情况和进行优化。综合利用施工用电计算公式和变压器功率计算公式,定义明细表内的参数计算关系,实现施工现场总用电量的计算和变压器功率的复核计算,对比变压器容量与施工现场用电高峰时的总负荷,确认变压器容量是否能满足现场施工需求。若变压器容量能满足现场施工需求,则此流程结束。若不能满足,则采取措施(如增设发电机、减少用电设备等)并调整构件布置。此方法可以准确计算现场的施工用电情况。对比和分析数据,可以评估施工现场用电的需求和实际供应情况,有针对性地调整用电设备的分布情况,增加或减少相应设备的数量,从而更合理地规划临时用电方案,确保现场工程的安全顺利进行。

为了更好利用 BIM 技术,此处列出现场总用电需求容量及变压器功率的计算公式。总用电需求容量的计算公式:

$$P = (1.05 \sim 1.10)\left(K_1 \frac{\sum P_1}{\cos\varphi} + K_2 \sum P_2 + K_3 \sum P_3 + K_4 \sum P_4\right)$$

式中:P——供电设备总需求容量(kVA);

P_1——电动机额定功率(kW);

P_2——电焊机额定容量(kVA);

P_3——室内照明容量(kW);

P_4——室外照明容量(kW);

$\cos\varphi$——电动机的平均功率因数(在施工现场最高为 0.75~0.78,一般为 0.65~0.75)。

变压器功率的计算公式:

$$P = K\left(\frac{\sum P_{max}}{\cos\varphi}\right) = 1.05 \cdot \left(\frac{K_1 \sum P_1 + K_2 \sum P_2 + K_3 \sum P_3 + K_4 \sum P_4}{\cos\varphi}\right)$$

式中:P——变压器的功率(kVA);

K——功率损失系数,一般取 1.05;

$\sum P_{max}$——各施工区的最大计算负荷(kW);

$\cos\varphi$——用电设备功率因数,一般建筑工地取 0.75。

通过这些措施的实施,工程管理人员可以更好地了解施工现场用电情况,从而为合理分配用电资源提供数据支持;也可以更好地进行用电设备的配置和优化,确保施工场地的用电安全、高效和经济。

7.4 基于 BIM 的飘窗加固及优化

7.4.1 引言

1) 飘窗加固及优化

飘窗作为建筑外部装饰和室内采光的一种常见结构,是指向室外凸出且周围装有玻璃的窗户,飘窗一般包含凸出室外设置的上飘板和下飘板,玻璃装在上飘板和下飘板之间,其设计、施工和维护都需要考虑较多因素。

在施工过程中,现有飘窗模板仅有上飘窗模板和下飘窗模板,建筑工程中混凝土飘窗部位渗漏、错台、顶板抹灰空鼓情况较多,后期处理难度较大,破坏外墙结构,增加维修成本,因此对如何提高混凝土飘窗施工质量的研究有着重要的意义。

混凝土飘窗出现的常见质量问题的主要原因包括以下几个方面:

(1) 混凝土飘窗结构浇筑完毕后,后续装修需要抹灰,再批泥子,抹灰层容易空鼓、裂缝;某些地区普遍要求窗户安装附框(25 mm),导致混凝土飘窗顶板抹灰厚度至少 40 mm,超厚抹灰更难控制抹灰质量。

(2) 混凝土飘窗部位上部及底部上反梁配模与混凝土飘窗两侧剪力墙断开,容易发生错台。

(3) 双层飘板的混凝土飘窗加固较难,立杆无法生根受力,容易跑模;

(4) 窗台收口处容易发生渗漏。

传统的维修和加固方案大多需要对建筑物进行拆解,对飘窗结构进行重新打造。这样就需要耗费大量的时间和人力成本,同时也不一定能够取得理想的维修效果。

2) 基于 BIM 的飘窗加固及优化的新内涵

随着建筑工程技术的不断发展和进步,建筑结构的安全与稳固性成为建筑物设计中最为重要的一环。特别是飘窗这一较为突出的结构,飘窗加固及优化一直受到建筑设计行业的广泛关注。而 BIM 技术的发展和应用,为飘窗加固及优化提供了更加有效和高效的解决方案。

利用 BIM 技术的可视化优势,在 BIM 软件中预先排布混凝土飘窗部位的配模方式和混凝土飘窗部位的加固体系,对优化方案进行可视化分析和验证,快速确定最优方案。同时利用 BIM 技术的模拟性优势,制作飘窗加固施工工艺模拟视频,对施工人员进行可视化交底,便于施工人员掌握施工技术要点,提升飘窗工程施工质量及完工效果。

3) 基于 BIM 的飘窗加固及优化的优势

利用 BIM 技术进行飘窗加固及优化方案设计,可以快速高效地实现方案的可视化表达,通过 BIM 软件建立飘窗施工配模排布和钢管加固体系的排布,分析体系的结构安全性,为飘窗模板加固体系提供精准详尽的数据支持。

利用 BIM 技术实现多个飘窗加固体系方案的模拟,可以对飘窗加固和优化方案进行施工前分析的和验证,保证飘窗加固和优化方案的可行性,同时可在施工前发现和解决施工过程中可能遇到的各种问题,避免返工导致的施工进度延误、成本浪费,提升施工质量。

基于 BIM 的飘窗加固及优化还可实现可视化技术交底。利用 BIM 技术的可视化优势,制作飘窗加固体系施工工艺模拟视频,对施工人员进行可视化交底,便于施工人员快速掌握施工过程中的技术要点,有效提升工程施工质量。

7.4.2 项目概况

云栖苑项目位于泰州市医药新区,医药新区是国务院批准的国家高新技术开发区。项目地处城市新城中心,北侧为云龙湖路,南侧为规划支路,东侧为海陵南路,西侧为栖霞山路。本项目建设 3 栋住宅楼、1 栋办公楼。1♯～3♯楼为住宅,结构体系为装配式整体剪力墙结构;4♯楼为办公楼,结构体系为框架结构。其中1♯楼21层,建筑高度66.30 m;2♯、3♯楼19层,建筑高度67.20 m;4♯楼9层,建筑高度45.15 m。建筑用地面积19 365 m²,总建筑面积57 183.19 m²。本项目为常规的商品住宅楼,存在多层飘窗结构的施工。飘窗施工质量的控制效率直接影响着整个工程的施工质量。利用 BIM 技术的特性对本项目的飘窗施工进行优化,极大地提升了工程的质量与效率。该项目效果图如图7.14所示。

图 7.14　云栖苑项目效果图

7.4.3　实施流程

图 7.15　飘窗垂直度偏差图

1) 实施背景

云栖苑项目为高层住宅楼项目,存在较多飘窗结构。在施工领域,混凝土飘窗一直是一个容易出现问题的区域(图7.15)。由于施工工艺和技术的限制,在施工过程中发现,已完工的飘窗部位经常发生渗漏、错台、顶板抹灰空鼓等质量问题,给项目质量和成本带来了一定的风险。为了解决这一问题,项目经理部决定采用 BIM 技术对飘窗进行加固优化。

利用 BIM 技术,BIM 工程师在软件中对飘窗构件和加固体系进行三维建模,并结合 BIM 技术的可视化特性,对设计方案进行分析和验证,从而确认了最终的飘窗企口免抹灰及加固施工技术方案。由于 BIM 技术具有模拟性、可视化和协同性等优势,它可以帮助设计单位、施工单位和业主更好地理解和管理建筑项目,提高施工效率,降低施工风险以及提高建筑品质。BIM 技术已经成为当今建筑行业最具前瞻性的技术之一。

2）模型创建

BIM工程师在创建飘窗部位模型时,1∶1还原施工图纸信息,全面考虑飘窗在施工中可能遇到的各种情况,建立飘窗加固体系模型。

在模型创建过程中,BIM工程师要对飘窗混凝土构件、模板、加固件、支撑件、连接结构等内容进行详细的建模,确保飘窗结构的准确性和合理性。同时,还要结合实际施工情况,考虑空间限制、工人作业难度等因素,使模型不仅具备高度准确性,还能在实际操作中提高施工效率,降低施工难度。

BIM工程师创建的飘窗模型,可以直观地展现出飘窗结构的细节,有效避免了因施工过程中的误差而导致的问题发生。在施工过程中,工人们可以根据这个模型精准地进行作业,并且在施工过程中及时发现可能存在的问题,及时进行调整和修正,从而最大限度地保障了飘窗的安全性和稳定性,飘窗模型的使用还能够使施工过程更加高效和可控,确保了建筑工程的质量和安全(图7.16～图7.18)。

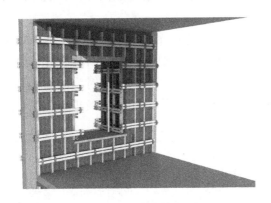

图7.16 窗配模效果图

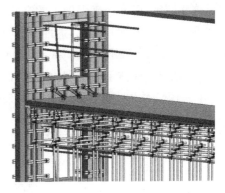

图7.17 飘窗底部反梁撑拉加固示意Ⅰ

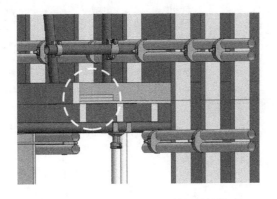

图7.18 飘窗底部反梁撑拉加固示意Ⅱ

3）加固方案探讨与分析

利用BIM技术的可视化优势,对已有加固方案进行探讨分析,最终确定了最优方案。方案如下:

（1）改进混凝土飘窗部位的配模方式，混凝土飘窗上反梁、下挂梁与两侧剪力墙交接部位用整板配模不断开，确保结构交接处的平整度。

（2）改进混凝土飘窗部位的加固体系，采用回顶钢管与顶板内排架拉结成整体的组合加固方式，反梁次楞与两侧剪力墙次楞排布一致，两侧剪力墙主楞全部拉通，与反梁共用，确保混凝土飘窗部位梁墙结构交接处不错台。

（3）改进混凝土飘窗部位的加固体系，采用斜撑钢管结合回顶钢管与顶板内排架拉结的组合加固方式，使飘窗的支撑体系和内排架形成整体，解决了混凝土飘窗处加固较难，立杆无法生根受力的难题，可以杜绝传统加固模式中飘窗加固与外架相连的现象。

（4）在飘窗顶板及两侧模板上安装两块 18 mm 厚模板、宽度 150 mm 的模板带，使混凝土飘窗形成企口，方便窗框及固定片的安装，飘窗顶板与两侧混凝土面不抹灰，避免了抹灰空鼓的隐患。

　　4）加固方案出图

加固方案确定后，为便于现场技术人员进行施工操作，需要将加固方案转换为详细的说明及施工图纸，以此来确保施工的准确性。

在 BIM 软件中对平面图、立面图、剖面图及节点构造详图进行相应的尺寸标注和文字说明，便于施工人员查看图纸。基于 BIM 的飘窗加固方案出图可输出飘窗配模图、飘窗加固示意图、飘窗支撑体系系统图、飘窗企口优化图等图纸（图 7.19）。同时为加深施工人员印象，可在 BIM 软件中制作飘窗加固体系施工工艺模拟视频，对施工人员进行可视化技术交底，提升工程施工质量。

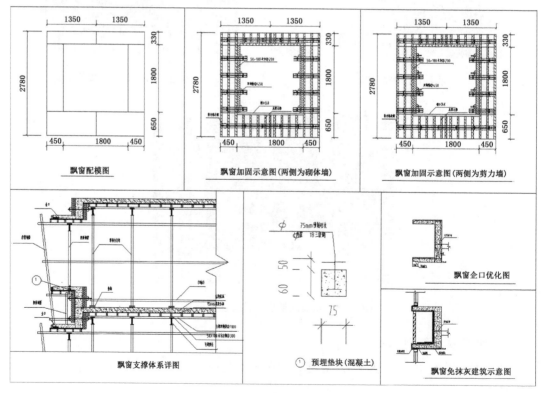

图 7.19　飘窗加固方案图

BIM技术凭借其可视化、参数化等优势,能够将设计方案与三维模型相结合,实现更加精准和直观的展示效果。通过BIM技术,技术员之间的沟通效率可以大大提高,通过制作加固方案模拟视频,现场技术员可以更好地理解不同加固方案的细节和效果,并找出最佳的飘窗加固方案。这种基于BIM技术的可视化方案展示方式,不仅可以提高建筑设计和施工的效率,而且能够有效减少建筑施工中出现的错误和降低不必要的成本,推动建筑行业朝着数字化、智能化和可持续化的方向发展。

7.5　基于 BIM 的模板设计优化

7.5.1　引言

1) 模板设计优化

模板设计优化是指通过对建筑施工过程中使用的模板(包括木模板、钢模板等)进行分析和改进,以提高施工效率、降低成本、改善质量和提高安全性的一种方法。通过对模板的结构、材料、制作工艺等方面进行优化,可以实现更加高效、经济和可持续的施工过程。

在模板工程的施工中,除了要保证施工质量外,也要对可能存在的安全问题加以重视,避免安全事故的发生。

模板工程施工中可能存在下述问题:

(1) 方案编制存在的问题。施工方案计划书未根据工程现场实际情况进行计算验算,未考虑施工荷载、钢管材料、立杆基础等参数。

(2) 模板安装时存在的问题。模板搭设安装时,相关负责人对工人交底不充分,使工人在施工中比较随意,凭经验搭设,导致现场搭设的模板和方案中要求的不一致,产生安全隐患。

(3) 安全防护相关的问题。具体有:①模板拆除中存在的问题。根据规定,要在混凝土强度达到一定强度时模板方可拆除,但是现场实际操作过程中,因为赶工期、工人质量意识不强,往往还未达到强度要求就拆卸模板,极其不规范。②模板拆除过程中未按照规定顺序进行拆除。③侧模板拆除时,未按照相关规定设置安全防护装置,导致混凝土成品保护未到位,混凝土表面及棱角受损。④楼板底模拆除时,专职安全员未做好监督、临时支撑及警戒区域,导致模板掉落发生伤人事故。

2) 基于 BIM 的模板设计优化的新内涵

基于 BIM 的模板设计优化引入了建筑信息模型技术,具有以下新内涵:

(1) 模型集成。基于 BIM 的模板设计优化将建筑模型和模板设计相结合,实现了模型和模板的集成化。通过将模板设计与模型相连接,可以实现模型信息的自动提取和模板的自动适配,减少了传统手工设计的时间,降低了劳动成本。

(2) 碰撞检测。基于 BIM 的模板设计优化可以进行碰撞检测,即在模板设计过程中检测模板与其他建筑构件之间的冲突和干涉。通过模型的三维可视化和碰撞检测工具,可以准确地发现和解决模板与其他构件之间的冲突,避免在施工过程中发生问题和延误。

(3)数字化管理。基于 BIM 的模板设计优化将模板设计过程数字化,实现了对模板设计和使用过程的全面管理。通过模型中嵌入的数据,可以对模板材料、使用情况、维护保养等进行跟踪和管理,提高模板的利用率和延长其寿命。

(4)实时协作。基于 BIM 的模板设计优化提供了实时协作的平台,各相关方可以共同参与模板设计和优化过程。设计方、施工方、模板供应商等可以通过共享模型和协同工作,实现信息共享、意见交流和问题解决,提高设计和施工的协作效率。

3)基于 BIM 的模板设计优化的优势

在施工现状中,基于 BIM 的模板设计优化相较于传统的模板设计优化具有以下优势:

(1)提高设计准确性。基于 BIM 的模板设计优化利用三维模型和碰撞检测工具,可以更准确地评估模板与其他构件之间的冲突和干涉,避免设计不准确导致的问题和错误。

(2)提高施工效率。基于 BIM 的模板设计优化通过数字化管理和实时协作,提高了施工的效率和协调性。模板设计和使用的信息可以在 BIM 平台上实时更新和共享,各相关方可以实时协作解决问题,降低了信息传递和沟通的时间成本。

(3)降低成本和风险。基于 BIM 的模板设计优化可以通过优化模板结构、材料和制作工艺等方面,实现施工成本的降低。同时,通过碰撞检测和模型分析,可以提前发现施工中可能出现的问题和冲突,降低了施工风险和后期修改的成本。

(4)提高质量和安全性。基于 BIM 的模板设计优化可以提供更准确的模板设计和施工方案,确保施工过程中的质量和安全性。可以提前识别和解决模板与其他构件之间的冲突和干涉,减少施工中的问题和事故,提高施工的质量和安全性。

(5)可视化展示和决策支持。基于 BIM 的模板设计优化通过可视化的三维模型展示,可以直观地展示模板设计方案和效果。投资方、施工方和设计方可以更好地理解和评估模板设计方案,从而做出更科学和准确的决策。

基于 BIM 的模板设计优化相较于传统的模板设计优化在施工现状中具有明显的优势。它通过模型集成、碰撞检测、数字化管理和实时协作等方面的优势,提高了模板设计和使用的准确性、效率、质量和安全性,同时降低了成本和风险。

7.5.2 项目概况

泰州市第五人民医院(脑科医院)项目(图 7.20)位于泰州市运河南路南侧、春景路东侧。本工程建筑面积约 4.25 万 m^2,装配面积及装配率分别为 29 704.19 m^2、63.48%。项目投资额 35 000 万元。室内多为大开间办公区,高大模板较多。剪力墙墙宽为 300 mm、400 mm、500 mm、600 mm 等,板厚为 120 mm、140 mm、200 mm、300 mm、400 mm 等,裙楼、主楼主梁截面尺寸为 800 mm×1 200 mm、600 mm×240 mm、1 300 mm×1 800 mm、1 200 mm×2 400 mm 等。

图 7.20　泰州市第五人民医院(脑科医院)项目效果图

7.5.3　实施流程

1) 主体结构建模

本工程采用品茗模板设计软件对模板工程进行三维设计。由于模板工程是使混凝土成型的一类结构,在进行主体结构建模时,可不用对钢筋进行建模。

主体结构建模可通过两种方式进行:一是将 CAD 图纸导入软件中,利用软件的转化 CAD 图层功能进行建模;二是将 CAD 导入后,以其为背景进行手动建模。这两种方式各有利弊,前者在转化过程中会出现转化错误,错误部分须手动调整;后者建模错误较少,但建模效率较低。本工程采用方式一对主体结构进行建模,错误部分通过手动调整,主体模型如图 7.21 所示。

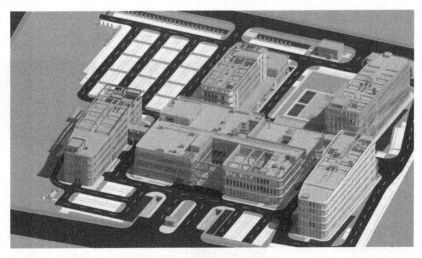

图 7.21　项目主体模型图

2）工程基本参数设置

建模后，对工程的基本信息进行输入，包括工程信息、工程特征、设计计算规范、施工方案及材料选择等，这些工程基本参数，可作为模板支撑安全验算的数据基础（图7.22、图7.23）。

本工程采用厚度为15 mm的木胶合板模板，整张模板尺寸为915 mm×1 830 mm，次龙骨采用50 mm×80 mm的方木，立杆、横杆及主龙骨均采用 $\phi48$ mm×3.5 mm的Q235钢管，钢管材质应符合国家标准《直缝电焊钢管》(GB/T 13793—2008)，加固构件用直径为14 mm，轴向拉力设计值为17.8 kN的对拉螺栓，立杆顶部可调托座承载力容许值为40 kN，托座内主梁为2根。

图7.22 工程特征设置

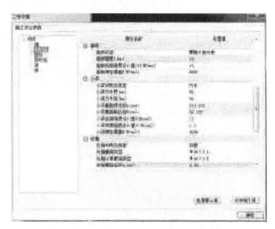

图7.23 各构件安全参数设置

3）模板支撑三维设计

由于模板支撑工程体量大、细节较多，且为临时性结构，因此选用3号楼（综合楼）1层进行模板工程的三维设计，三维设计的顺序按照先布置竖向构件模板，再进行高大模板辨识，对高大模板支撑进行设计，最后再对普通梁板进行设计。竖向构件以KZ2(1 400 mm×1 600 mm)和Q104(500 mm)为例，三维图如图7.24、图7.25所示。水平构件分为高大模板构件和普通梁板构件两种，对高大模板构件，通过高大模板辨识规则，找到模型中高大模板的位置，对其进行特殊设计，并导出高大模板识别表，用于施工方案的编制，如图7.26所示。

图7.24 KZ2模板三维图

图7.25 Q104模板三维图

图 7.26　高大模板辨识

4）模板安全验算

本层模板支撑体系三维设计完毕之后，为保证三维设计的安全性，要对设计完毕的构件进行安全验算，模型所用材料及构造参数已经在设计过程中输入。若安全验算通过，则构件将在软件中变成绿色；若没有通过，则会变成红色，然后再进行相应参数的修改（图 7.27）。

图 7.27　构件通过安全验算

5）材料用量统计

三维设计完毕的模型，应进行材料的用量统计，如模板面积、钢管长度、木方体积、扣件个数等材料用量的统计，有利于现场对材料等资源进行统一管理，从而实现模板工程的精细化管理，统计结果如图 7.28 所示。

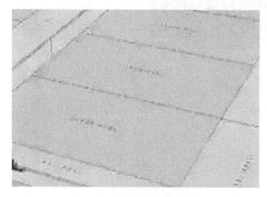

图 7.28　材料用量统计

6）模板配模

本工程整张模板尺寸为 915 mm×1 830 mm，根据现场配模规则，梁板模板施工时，施工做法为板模板压梁侧模，梁侧模包梁底模，主梁模板包次梁模板。板的模板尽量靠边整拼，不进行切割。墙柱模板应伸至板模板底部，板模板压墙柱模。由于墙体模板较长，为减少切割，通常采用横向配置模板，如图 7.29～图 7.32 所示。

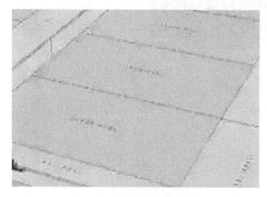

图 7.29　板配模

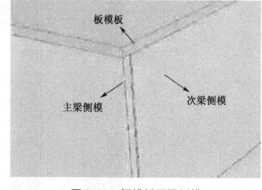

图 7.30　板模板压梁侧模

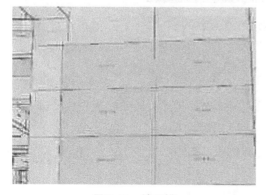

图 7.31　墙配模

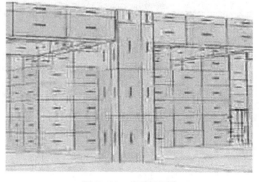

图 7.32　框柱配模

在上面的图中,深色代表整块模板,不需要切割,浅色代表已经切割的模板.模板尺寸标在其中,方便工人进行技术交底和集中配模。

7.5.4 应用总结

通过 BIM 模型,可进行 3D 可视化审核,审核人员应更专注于模板工程的设计合理性本身,将审核从文字公式验算等工作中解脱出来,解决审核工作量大、与设计人员交流不顺畅、审核难度大容易缺漏等问题。通过模型三维显示效果,有助于技术交底和细部构造的显示,让工人更加直观地接受交底内容,采用 BIM 模型对模板施工中所有重大危险可能发生情形的"描述"认知,乃至安全措施、防护手段以及危险演示包括依照预定的方案进行模拟施工。按照模板工程的不同施工阶段,重大危险源的不同级别加以区分,主要包括模板安装区域、施工通道、临边位置、材料堆场、施工疏散通道等,利用 BIM 模型技术最后确定形成的安全区域锁定与模型引导,以三维图片与动画漫游的方式对进场的具体施工操作人员实行了安全防范教育,可谓"动画用三维,视觉得冲击""教育效果好,直观加形象"。

7.6　基于 BIM 的幕墙深化设计

7.6.1　引言

1）幕墙深化设计

近年来,随着建筑市场的发展,建筑不再仅仅追求实用性,越来越多的建筑开始注重整体外表的审美方面。公共建筑越来越多地使用独特的屋顶形式,例如拱形屋顶和连续异形表面,但它们也对建筑设计和施工提出了新的挑战。所以,幕墙深化设计是指在建筑设计初步方案的基础上,对幕墙系统进行详细设计和优化的过程。幕墙是建筑外立面的一种轻型非承重结构,它不仅具有遮挡和隔热的功能,还能提供良好的采光和视觉效果。幕墙深化设计的目标是确保幕墙系统的结构、材料、施工工艺等方面的可行性和优化,以实现设计意图,满足功能要求,并提高施工效率。使用 BIM 技术可以解决以下问题:传统幕墙建筑场地上的安装工作流程无法演示、表面构造精度低、结构图元与幕墙内部发生碰撞、无法确保幕墙的建筑质量、无法确保幕墙的造型质量。

2）基于 BIM 的幕墙深化设计的新内涵

基于 BIM 的幕墙深化设计引入了建筑信息模型技术,具有以下新内涵:

（1）数字化建模。基于 BIM 的幕墙深化设计利用三维建模工具,对幕墙系统进行数字化建模。通过模型,可以准确地表达和展示幕墙的几何形态、材料属性、构造细节等信息,为深化设计提供可视化和一致性的基础。

（2）工艺优化。基于 BIM 的幕墙深化设计通过模型中嵌入的工艺信息,实现对幕墙系统的工艺优化。可以模拟施工过程,优化安装顺序和方法,减少施工时间和降低施工成本,并提高施工的质量和安全性。

（3）协同设计。基于 BIM 的幕墙深化设计提供了一个协同工作平台,设计团队、施工团队、幕墙供应商等各方可以共同参与幕墙设计和优化过程。通过模型的共享和协同工作,可以实现信息的实时更新和交流,加强各方之间的合作与协调。

（4）数据管理。基于 BIM 的幕墙深化设计将幕墙相关的数据信息整合到模型中进行管理。可以对幕墙材料、构件参数、规格标准等进行统一管理,实现数据的准确性和一致性,便于设计、施工和后期维护的管理。

3）基于 BIM 的幕墙深化设计的优势

在施工现状中,基于 BIM 的幕墙深化设计相较于传统的幕墙深化设计具有以下优势:

（1）准确性和一致性。基于 BIM 的幕墙深化设计通过数字化建模,可以准确地表达幕墙的几何形态、构造细节和材料属性,确保设计的准确性和一致性。传统的幕墙深化设计可能存在信息传递不准确、图纸冲突等问题,而基于 BIM 的幕墙深化设计能够有效避免这些问题。

（2）碰撞检测和冲突解决。基于 BIM 的幕墙深化设计可以进行碰撞检测,即在设计过程中检测幕墙与其他建筑构件之间的冲突。通过模型的三维可视化和碰撞检测工具,可以提前发现和解决幕墙与其他构件之间的冲突,避免在施工过程中出现问题和延误。

（3）工艺优化和施工模拟。基于 BIM 的幕墙深化设计可以模拟施工过程,优化安装顺序和方法。通过模型中嵌入的工艺信息,可以实现对施工过程的优化和模拟,减少施工时间和降低施工成本,并提高施工的质量和安全性。

（4）协同设计和信息共享。基于 BIM 的幕墙深化设计提供了一个协同工作平台,各相关方可以共同参与幕墙设计和优化过程。设计团队、施工团队、幕墙供应商等可以通过共享模型和协同工作,实现信息共享、意见交流和问题解决,提高设计和施工的协作效率。

（5）数据管理和后期维护。基于 BIM 的幕墙深化设计将幕墙相关的数据信息整合到模型中进行管理。可以对幕墙材料、构件参数、规格标准等进行统一管理,便于设计、施工和后期维护的管理。同时,可以实现幕墙维护保养信息的记录和更新,提高幕墙的管理和维护效率。

基于 BIM 的幕墙深化设计相较于传统的幕墙深化设计在施工现状中具有明显的优势。它通过数字化建模、碰撞检测、工艺优化、协同设计和数据管理等方面的优势,提高了幕墙设计的准确性、施工效率和协作性,同时降低了施工风险和后期维护的成本。

7.6.2　项目概况

泰州高港区医药园区 6 号地块商住项目（写字楼二期）（图 7.33）,总建筑面积 171 208.74 m²,高层住宅 1♯～3♯楼地上 21 层建筑面积 68 885.79 m²,地下建筑面积 33 189.9 m²。商业办公酒店综合楼 4♯C 栋地下 2 层,D 栋地上 19 层和裙房 3 层,地上建筑面积 56 924.66 m²,地下建筑面积 12 208.39 m²。本项目所有单体均采用全幕墙系统包裹,并存在大量曲面及双曲面造型,采用传统幕墙设计方式不能满足此项目实际需求。所以本项目采用 BIM 技术对幕墙进行深化,并与幕墙厂家进行紧密对接,以达到最好效果,并节约返工造价。

图 7.33　泰州高港区医药园区 6 号地块商住项目(写字楼二期)效果图

7.6.3　实施流程

1) 策划准备

首先,根据技术特点、施工技术、技术要求和应用条件确定 BIM 设计目标。然后,开发基于 BIM 实施目标的 BIM 管理系统,以定义 BIM 组织结构、BIM 职权范围、BIM 实施计划和 BIM 工作系统。最后,组织项目工作流,创建 BIM 工作流图,确定任务之间的关系,并创建 BIM 应用点计划。如果专案是弧形帷幕墙,元件性质不同,且 Revit 软体提供的族群不符合基本塑形需求,则必须重新设定参数资讯并建立新族群。

2) 建筑表皮分格划分

本项目设计建筑模型时,Rhino 参数化设计了整个过程,以最大限度地提升建筑效果,满足幕墙的设计和编辑要求。此设计轴网概念基于两条建筑边界线,这两条边界线符合建筑原始板的美学和规则。为了获得更好的结果,对建模过程进行了多次调整。使用 Rhino+GH 参数化分割平面,尽可能控制开关板模块,使每个板满足设计和处理要求。模型中最常用的方法之一是使用 BIM 软件分割建筑的外部表面,将 BIM 软件作为分析建筑壳元曲率的基础。Rhino 提供强大的曲面建模和计算功能,能够创建基于 Alien 曲面的幕墙并实现参数化幕墙设计(图 7.34)。

图 7.34 建筑幕墙效果图

3）设计细节的把控

本项目安装表面铝板时,表面铝板变形,结合现场施工控制方案,通过将刚性连杆表面铝板的加强筋改为柔性连杆,有效解决了表面铝板变形问题。为了避免在施工现场修改肋的过程中,由于曲面变形的连续性而造成的翘曲变形,将固定顺序从一端固定到另一端,并通过在中间放置两个端点来取代该方法。安装球形铝板时,为了减少材料误差和降低使用难度,采用横向进、出调整、横向滑动铝板纵向调整等两种调整方法减少误差,需要确保高度的精度。

4）碰撞检测

碰撞检测在幕墙项目中起着非常重要的作用,方法是:对幕墙蒙皮与墙结构和系统(幕墙本身)相交的理论空间状态进行建模,预先检测空间中的干涉位置并进行相应的修改。碰撞检查报告应详细标注碰撞位置、碰撞类型、修改建议等,以便相关技术人员能够找到碰撞位置并及时进行调整。通常,建模三个规程("建筑""结构"和"墙-幕墙")后进行碰撞控制,并对每个规程执行干涉检查。

7.6.4 应用总结

1）设计优化

建筑师提供的设计模型或资料与实际施工还存在一定的距离,幕墙工程师需要在满足建筑师设计意图的前提下,尽可能地对幕墙板块进行优化设计,以满足现场施工要求及降低工程造价。例如,图 7.35 中根据建筑师提供的铝板模型进行了板块的划分,划分后,利用GH 判断板块曲面特性后发现,312 个板块中仅有 3 块为单曲面,其余 309 块均为双曲面。双曲铝板因加工制作难度大,造价远高于单曲板。幕墙工程师如果可以对板块进行合理优化,在保证外饰效果的前提下,将双曲板优化为单曲板,那么仅在材料费一项就会节约许多成本。

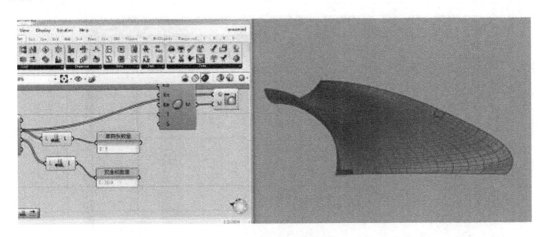

图7.35 幕墙划分

Rhino+GH 的组合可以实现这一优化目标。首先与建筑师进行沟通,确定优化原则;再创建单曲面拟合双曲板造型,判断优化后单曲板与原板的距离,利用 GH 中的遗传算法筛选出符合条件的最优解;最后,幕墙工程师与建筑师就优化后的模型进行讨论,确定优化结果,如图7.36所示。

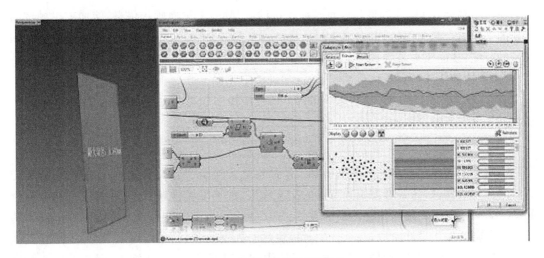

图7.36 幕墙板计算及优化

除此之外,Rhino+GH 的组合还可以简化重复的操作,提高深化设计效率。例如板块编号、尺寸标注等操作完全可以借助参数化的手段进行批量生成(图7.37)。

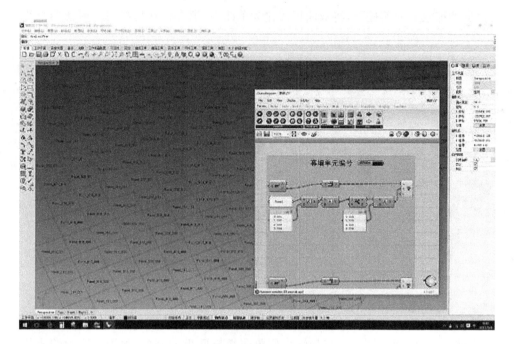

图 7.37　幕墙板块编号生成

2）数字加工

通过将幕墙 3D 构件的设计信息转换为构件的制造、工艺规则等信息,使加工机械按照预定的工序组合和排序,选择刀具、夹具、量具,确定切削用量,并计算每个工序的机动时间和辅助时间,从而实现幕墙构件加工的计算机辅助工艺规划,这一工艺规划可以转换为 NC语言,输入数控机床后完成构件加工,从而实现数字化加工。

Catia 和 DP 等软件都提供了良好的 CNC 数控设备软件接口,可以将构件直接保存为型材加工设备能够读取的语言。

3）施工管理

建筑施工现场是幕墙从一款机械加工产品转化为建筑产品的转换池,同时也是各参与方协同工作的舞台,需要考虑不同专业的交叉施工、现场堆场排布、板块安装顺序及各专业间碰撞等问题。作为建筑信息的良好载体,Autodesk Revit 软件在这一阶段发挥了强大的作用。在幕墙深化设计阶段,在软件中对板块赋予如安装时间、吊装区域等信息,结合其他专业模型,进行施工顺序模拟、碰撞检查等工作,对接后续现场实际施工,提前发现并解决问题。

8 可出图性应用

8.1 基于 BIM 的正向设计

8.1.1 引言

1) 基于 BIM 的正向设计

传统设计方式在工程设计中长期占据主导地位，但存在诸多问题，如信息传递不准确、协同工作困难等。基于 BIM 的正向设计作为一种新兴的设计方法，因其全过程协同、信息一致性和数据驱动的特点而受到了目前业内的广泛关注。基于 BIM 的正向设计是指在建筑设计过程中，利用建筑信息模型(BIM)技术和工具，以数据驱动的方式进行设计，注重设计过程中的预测、评估和优化。它强调在设计初期就利用模型进行模拟和分析，以实现设计的可行性、高效性和优化性。

尤其要说明的是，基于 BIM 的正向设计是以三维模型为出发点和数据源，完成从方案设计到施工图设计的全过程任务，在全过程设计及项目管理过程中起到了可视化沟通、三维协同、设计优化、绿色性能模拟与质量管控等重要作用。

2) 基于 BIM 的正向设计的新内涵

基于 BIM 的正向设计引入了一系列新的概念和方法，包括：

(1) 数据驱动设计。基于 BIM 的正向设计通过建立包含建筑元素、属性和关系的数字模型，将设计过程转变为数据驱动的过程。设计师可以在 BIM 平台上获取和分析各种与设计相关的数据，如能源分析、结构分析、碰撞检测等，以支持决策和优化设计方案。

(2) 模拟和分析。基于 BIM 的正向设计强调在设计初期就进行模拟和分析，以评估设计方案的可行性和性能。通过模型和相应的工具，可以进行能源分析、照明分析、风洞模拟等，帮助设计师了解建筑在不同条件下的性能表现，并作出相应的优化。

(3) 多学科协同。基于 BIM 的正向设计鼓励不同学科的设计团队在同一个模型上进行协同工作。结构工程师、机电工程师、施工人员等可以共享模型和信息，在设计过程中相互交流和协作，以实现设计的整体一致性和优化性。

（4）可视化沟通。利用 BIM 设计的可视化特性和 BIM 可视化成果，让各参建方基于可视化成果进行沟通，提高效率，辅助决策。

（5）质量管控。基于 BIM 的正向设计逻辑，对 BIM 设计模型、施工图纸、各项设计成果进行平台化、系统化的管理。通过三维审图、云端协同校审等方式，进一步提升模型精度，提高图纸质量，最大程度上保证"数据同源，图模一体"。

3）基于 BIM 的正向设计的优势

在建筑设计现状中，基于 BIM 的正向设计相较于传统的建筑设计具有以下优势：

（1）设计效率提升。基于 BIM 的正向设计利用数字化建模和分析工具，提高了设计过程的效率。通过模拟和分析，设计师可以在早期阶段就发现和解决潜在的问题，避免后期的修改和重复设计，节约时间和成本。

（2）设计质量改善。基于 BIM 的正向设计通过数据驱动和模拟分析，可以更全面地评估设计方案的可行性和性能。设计师可以在设计过程中进行多方案对比和优化，提高设计方案的质量和实用性。

（3）施工和运维的支持。基于 BIM 的正向设计生成的模型可以作为施工和运维阶段的参考。施工团队可以利用模型进行施工工艺优化、进度计划制定和冲突检测，提高施工效率和质量。运维人员可以利用模型进行设备管理、维护计划编制和设备故障诊断，提高建筑的运行效率和可持续性。

（4）合作与沟通的增强。基于 BIM 的正向设计提供了一个协同工作平台，设计团队、施工团队、业主和利益相关者可以在同一模型上进行实时的合作与沟通。这有助于减少信息传递误差，提高设计的一致性和协调性，促进项目各方之间的良好合作。

（5）可视化表达和决策支持。基于 BIM 的正向设计通过三维模型和可视化工具，使设计方案更加直观和易于理解。设计师可以利用模型进行可视化表达，向业主、决策者和相关方展示设计意图和效果，提高决策的可靠性和参与者的理解度。

（6）数据管理和后期利用。基于 BIM 的正向设计将设计过程中产生的数据整合到模型中进行管理。这些数据可以在建筑生命周期的包括设计、施工、运维和改造在内的各个阶段被有效地利用。设计数据的持续利用可以提高设计的可持续性和效益，为未来的决策和改进提供支持。

基于 BIM 的正向设计在建筑设计现状中具有明显的优势。它利用设计效率提升、设计质量改善、施工和运维支持、合作与沟通增强、可视化表达和决策支持以及数据管理和后期利用等方面的优势，为建筑行业提供了更高效、更精确和更可持续的设计方法和工具。

8.1.2 项目概况

新金宝 3D 打印装备及智能机器人项目（图 8.1）位于泰州市海陵区济川东路北侧、泰盛路西侧地块，厂区内部功能区分为生产、办公区两类，生产区占用了绝大部分地块面积，各单体厂房沿厂区道路排布，配套的辅助用房围绕厂房布置，确保生产活动高效有序进行。办公区设置在地块北侧，沿基地北侧，济川东路展开。济川东路是重要的城市道路，因此沿济川东路的立面设计关乎城市形象，为重要的城市界面。选择将办公研发楼、孵化中心布置在济川东路一侧,层数为9层,采用体块有机组合的方式处理建筑立面,体现研发类建筑形象的同时丰富城市立面。本项目办公研发楼地下室尝试采用基于BIM的正向设计手段,对地下室结构进行设计(图8.2)。

图 8.1　整体项目鸟瞰图

图 8.2　办公研发楼透视图

8.1.3　实施流程

在 CAD 中,结构专业的施工图可以通过图层来管理线型、颜色、填充,再辅助以文字和尺寸标注。在 BIM 中,三维模型是由各种各样的族组装而成的,可以统分为模型族和注释族两种。结构专业的模型族有楼板、墙、洞口(Revit 中的分类为常规模型)、楼梯、结构基础、结构柱、结构框架等几种,注释族有构件标记、配筋标记、文字标记、尺寸标注等几种。受制于一系列工程制图规范,Revit 的各种族更偏向于真实模型的展现,并不能顾及工程图纸的平面表达,所以仍需要辅助以详图线、详图、各式线段、填充等附加手段来表示挑空、洞口线、降板、坡度方向、浇带区域、附加捆筋等,以此来丰富 Revit 模型的工程语言,使之与 CAD 的点线面制图完全相同。另外,为了使模型导出的图纸与 CAD 一致,需要调整各个系统族的系统设置来实现线型、颜色、填充样式的改变。

本项目结构设计采用盈建科建立结构计算模型,在该模型,已计算好了梁板柱尺寸和配筋信息。将计算模型导出 Revit 可以识别的三维模型格式,同时保留了所有的计算结果,以便基于 BIM 的正向设计中的信息读取,进而用于后续计算、设计和注释等。在 Revit 的平面视图中控制各个族元(模型族和注释族)的显示,再配以各类辅助线和填充,即可实现图 8.3 的效果。

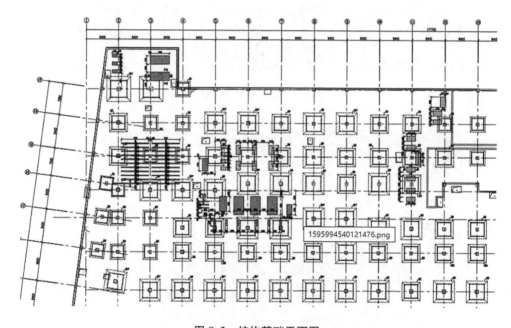

图 8.3 结构基础平面图

但受制于工程制图规范和格式,基础节点图和基坑支护图纸由 BIM 设计完成并不能体现效率,所以还须将图纸由 Revit 导出后进行 CAD 二次加工。

以下图纸为地下室留洞图(图 8.4)、地下一层柱平法施工图(图 8.5),皆是平面图纸,所以完全可以由基于 BIM 的正向设计单独完成。由于是三维视角设计,基于 Autodesk 中心文件的工作模式使得结构专业可以实时对照建筑和机电模型,因此留洞和设备基础布置十分准确。基于 BIM 的正向设计制图方法与上述内容相同,对于文字表达、节点详图表示、表格内容等则采取与 CAD 制图一样的操作。

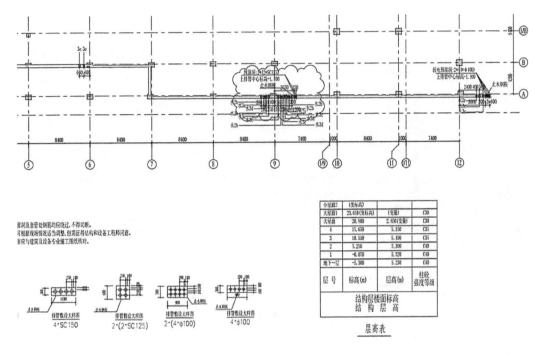

图 8.4　地下室留洞图

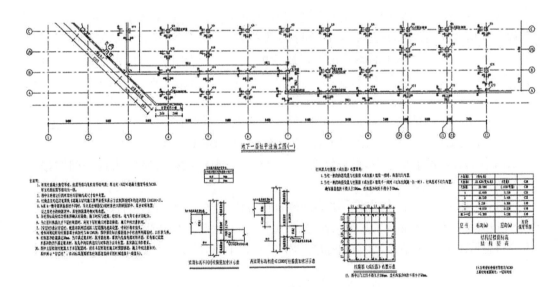

图 8.5　地下一层柱平法施工图

对于结构坡道图(图 8.6),则是基于模型裁剪视图范围而来,辅助以尺寸、文字等标注表示,但图纸中的节点图仍由 CAD 制图来辅助。

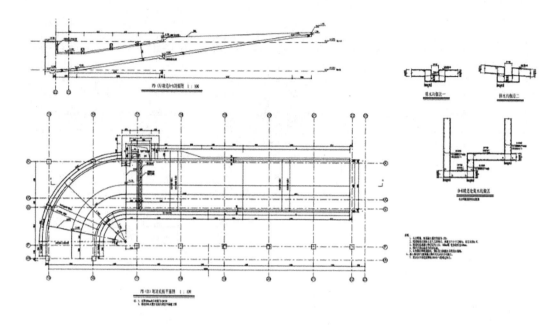

图 8.6　结构坡道图

8.1.4　应用总结

结构专业的基于 BIM 的正向设计与建筑专业的区别是:节点图由于示意性较强,且受制图规范和格式限制,难以通过 BIM 的实际模型来导出相应图纸,因此仍需要 CAD 制图来辅助。但各层 80% 以上的平面图纸是可以完全由基于 BIM 的正向设计来完成的,如留洞图、柱平法施工图、结构模板图、板配筋图、梁平法施工图以及地下四大块中的底板设备基础图、基础配筋图、基础布置图。通过实际模型可以看出,基于 BIM 的正向设计所输出的施工图纸与 CAD 制图效果基本相同。另外,柱详图表与建筑专业中的门窗详图和门窗表一样,在目前阶段仍有格式要求的前提下,还不适合直接在 BIM 中制取。

BIM 作为开放的数据平台,可以针对格式要求开发对应的插件来解决这一问题,从而进一步提升绘图效率。

另外,在项目实施过程中暴露了诸多问题,例如:传统设计思维产生的操作惯性,较难扭转;传统设计流程存在不必要的重复工作,急需优化精简;标准族库和图纸语言缺失。因此,基于本项目整理出了一系列结构专业的标准族库,并进行了编码处理,方便后期类似项目调用。

8.2　基于 **BIM** 的管综出图

8.2.1　引言

1) 管线综合

机电安装作为建筑项目的重要组成部分之一,承担着建筑的各项主要功能。在项目的建设阶段,机电管线和设备的安装占据着项目施工的重要部分,直接影响着整个项目的施工进度和质量。相比于土建施工,机电安装施工的专业性更为繁复,各专业之间的协调关系也十分困难。为了确保机电安装施工的规范性,保证项目按照设计要求施工运行,基于BIM的管线综合就成为一种有效的解决方法。

2)基于BIM的管线综合的新内涵

基于BIM的管线综合就是利用BIM技术对管道系统进行设计、建模、协同和管理的过程。首先利用BIM软件进行机电管线的三维建模。通过构建准确的机电模型,可以对整个机电管线进行详细的可视化和仿真分析,包括管道布局、管径、倾角、连接方式等。同时,还可以将机电模型与建筑、结构等其他专业的模型进行集成,进行多专业的协同和碰撞检测,找出各专业之间的碰撞点,之后结合相关规范设置预留孔洞、对管线位置和标高进行调整、对管线交叉部位进行合理翻弯等,及时发现和解决多个专业之间的冲突,减少施工过程中的问题和延误,保证各类管线的规范性和美观性。

3)基于BIM的管综出图的优势

传统施工工艺中,因为设计阶段的隔断式设计,机电专业图纸的管线位置无法正常用于施工的指导,需要现场经验丰富的技术人员根据各专业的平面图纸进行管线的重新排布才可以用于施工,这种排布方式需要大量的时间和人工去进行,同时还会因排布人员的经验、工作状态的不同而出现排布质量的参差。排布效率低、难度大、质量难以把握是传统人工管线综合的弊端。随着时代与科技的发展,人们对于建筑功能的需求也越来越多,建筑和工程项目的复杂性也在不断增加,传统的机电管线排布方法已经无法满足现代建筑的需求。机电设备的数量和种类不断增加,管线的复杂性也随之增加,使得现场施工作业人员需要更多的时间和精力来理解和执行设计意图。

基于BIM的管综出图方法则利用了计算机与数字化技术,利用BIM技术的可视化特性,将平面的图纸转换为立体模型,从而可以在空间中直观地展示各类管线和设备的位置和布局,相较于需要靠大量经验才能读懂的平面图纸,立体模型的直观效果能有效提升现场施工作业人员的读图体验、降低管线综合的难度。这种方法不仅提高了施工效率和准确性,还能够降低出现人为错误和漏洞的风险。

同时,利用BIM技术的出图性,还可以把管线综合优化后的立体模型转换为各个视角的平面图纸,对于复杂的节点位置,还可以出具详细的三维节点图纸,方便施工作业人员携带和查阅,从而更好地指导现场作业,提升机电安装作业的施工质量。

基于BIM的管综出图充分地利用了BIM技术的可视化和出图性,有效降低了现场作业人员的读图难度和管综难度,让管线综合的效率产生质的飞跃;同时通过图纸与模型之间的相互转换,让BIM技术在机电管线排布和施工管理方面发挥了重要的作用,为现代建筑和工程项目的高效、精准和可持续发展提供了强有力的支持。

8.2.2 项目概况

泰兴市中医院(北院)妇幼保健院新建项目(图8.7),位于江苏省泰兴市凤城镇医药新村,总建筑面积11.990 5万m² 主要包括妇产科、儿科、儿保科、产科检验科等区域。其中,妇产科包括产科病房、月子中心、手术室和产科门诊等。儿科包括儿科病房、儿保门诊和儿保日间病房等。产科检验科包括超声室、B 超室、分娩室、孕产登记室、诊室等。投资总额 6.114 562 亿元,其中医疗设备采购投资预计 8 000 万元,建筑工程、装修等项目预计总投资约 5 200 万元。泰兴市中医院(北院)妇幼保健院新建项目可为当地广大孕产妇和儿童提供更为优质、便捷和全面的医疗服务,提高当地妇幼保健水平,为推动泰兴市医疗卫生事业发展提供强有力的支撑,所以本项目的机电管线施工的质量也直接影响着整个项目的完工质量。

图 8.7　泰兴市中医院(北院)妇幼保健院新建项目效果图

8.2.3　实施流程

1) 工作流程

对于管综深化设计信息模型制图工作,核心思路为以机电模型为基础,链接土建模型。若全专业模型并未按专业拆开建模,可忽略此步骤。然后基于全专业模型分别创建剖面视图、平面视图和三维视图,其中对于平面视图需要导入 CAD 底图用作制图底图,而非使用土建模型作为制图底图。接着添加注释和图框,待 BIM 负责人审核通过之后,输出图纸。若审核未通过,则继续调整。工作流程示意图如图 8.8 所示。

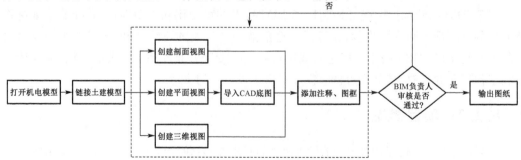

图 8.8　工作流程示意图

2) 模型处理

(1) 模型链接

因模型体量较大,BIM 团队在进行模型建立时便进行了拆分。其中地下室区域土建模型、机电模型各一个文件。在出图之前,须将相应土建模型链接至机电模型。链接土建模型主要用于出具三维视图和剖面视图,平面视图的出具仅需 CAD 底图即可(图 8.9)。

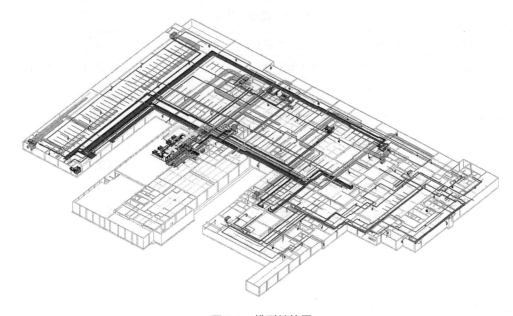

图 8.9 模型链接图

(2) 底图处理

在对 CAD 底图进行处理时,应以建筑平面图为基础,将冗余的信息删除,或者将其所在图层进行关闭显示。通过两种方式的对比,发现关闭冗余信息所在图层的操作方式更为快捷有效,且容错率较高。最终应保留轴号、轴线、结构柱、结构墙、建筑墙、门窗等内容,将其显示颜色的 RGB 值设置为"128、128、128"。如须突出轴号与轴线,对于其默认颜色可不进行修改。底图处理后效果如图 8.10 所示。

(3) 模型配色

为了方便区分不同类型的管线,常常通过颜色进行区分。根据《江苏省民用建筑信息模型设计应用标准》(DGJ32/TJ 210—2016),可以参考表 8.1 中管线的 RGB 值来进行管线的配色。

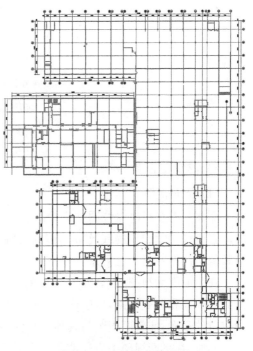

图 8.10 底图处理效果图

表 8.1 中列出了不同专业管线的配色方案及相应的 RGB 值。每种颜色对应一种管线类型,这样可以使不同专业的管线在图纸上更易于识别和区分。

通过有效配色的使用,可以使管线在设计图纸中更加清晰可辨,有助于专业人员快速了解管线的类型和功能。此外,通过控制各种颜色的使用,还可以提高图纸的美观度和可读性,提升整体设计资料的质量。

表 8.1 模型配色表

暖通管线类型	RGB 值	给排水管线类型	RGB 值	电气管线类型	RGB 值
新风管	50/50/250	生活给水管	50/200/250	强电桥架	50/200/50
送风管	0/150/250	热水给水管	250/50/200	弱电桥架	50/250/250
消防补风管	100/150/250	热水回水管	150/50/150	消防桥架	250/0/0
回风管	250/100/50	中水给水管	0/100/200	照明桥架	200/250/0
消防排烟管	200/0/0	污水管	100/150/150	母线槽	0/100/50
排风管	250/200/100	废水管	150/150/100	通信桥架	50/250/250
空调冷冻水供水管	0/150/50	通气管	0/200/150	高压桥架	50/200/50
空调冷冻水回水管	200/50/0	雨水管	200/200/0		
空调冷凝水管	250/250/0	虹吸雨水管	255/255/0		
采暖热水供水管	255/0/150	压力污水管	0/150/150		
采暖热水回水管	255/150/0	压力废水管	100/150/250		
冷媒管	150/100/250	压力雨水管	250/200/0		
膨胀水管	100/150/150	循环冷却供水管	0/150/50		
补水管	0/150/150	循环冷却回水管	200/50/0		
饱和蒸汽管	100/200/100	热媒给水管	250/50/200		
		热媒回水管	150/50/150		
消防管		喷淋管	250/100/0		
		消火栓管	250/0/0		

3)模型制图

(1)剖面视图

剖面视图在机电管线图纸中扮演着重要的角色,能够有效地反映管线的相对位置和标高。它通过展示建筑物或设备的截面,清晰地显示出管线在垂直方向上的走向、高程以及与其他构件的相对位置关系。

在生成剖面视图时,有几个重要的注意事项需要考虑。首先,剖面视图中应至少有一处参照标高和一处轴网,以确保剖面的水平和垂直定位准确。这些参照标高和轴网可以作为定位的基准,使剖面视图与其他图纸保持一致。

同时,在平面视图中应注明剖面的位置和编号,以方便水平和平面的定位。标识出剖面的具体位置,可以帮助用户更容易地找到和理解剖面视图的相关信息。

当对不同专业的管线进行引注时,注释的美观和规范性也是非常重要的。注释内容应包含管线的缩写和中心高程或底部高程等重要信息,并且需要整齐排列以保证清晰可读。

然而,Revit 软件平台自身在进行注释方面的限制,可能会使得注释变得不方便。为了弥补这一缺陷,可以借助一些辅助工具,如"建模大师"等,来辅助机电深化制图工作。这些工具可以自动对剖面中的所有管线进行引注和排版,从而提高注释的效率和准确性(图 8.11)。

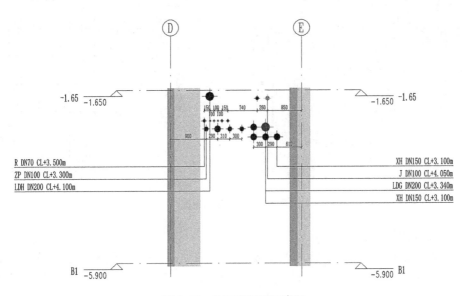

图 8.11 地下室剖面示意图

(2)平面视图

将处理好的 CAD 底图导入模型平面视图中,进行定位锁定。底图定位锁定后,可将链接的土建模型在当前平面视图中关闭显示状态。根据需要,可进行两种显示状态的平面视图设置,如图 8.12 所示。

通过底图的定位锁定,可以确保 CAD 底图和模型之间的对齐和一致性。根据需要,可以进行两种显示状态的平面视图设置,以满足不同的设计和展示需求。例如,在图 8.12"平面示意图"所示的显示状态下,可以手动选择显示底图和土建模型,从而呈现出整体的设计效果。而在图示的显示状态下,也可以仅显示底图,以便更清晰地查看底图上的细节信息。

通过设置不同的显示状态,我们可以根据具体需求在模型平面视图中选择性地显示底图和土建模型。这样可以更好地展示设计意图和方案,帮助参与者更好地理解和评估设计方案,同时也方便了我们对底图和土建模型的管理和编辑。

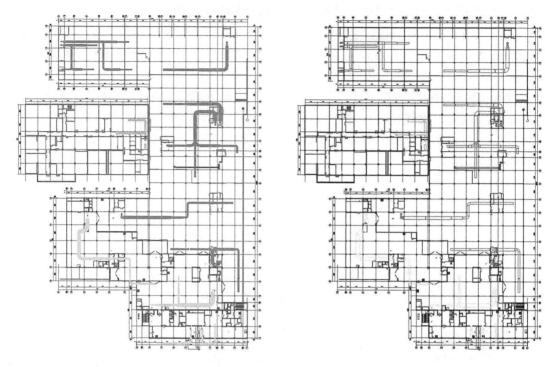

图 8.12　平面示意图

（3）三维视图

三维视图在建筑和工程设计中的重要性不言而喻。它能够提供直观、清晰、全面的设计展示，是一种有效传达设计意图的工具，能够帮助各个参与者更准确地理解设计和规划，并促进各个方面的协调和沟通。

对于三维视图，在本项目中一般出具系统和局部三维视图，如图 8.13、图 8.14 所示。

系统三维视图常用于展示管线走向和高程等整体布局信息，它可以清晰地展示建筑、管道、结构等各个部分的位置和布置关系。这种全局视图为项目的整体把控和协调提供了有力的支持。

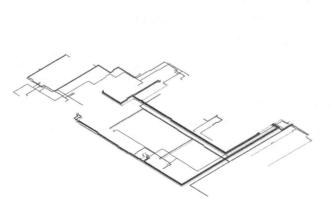

图 8.13　系统三维视图

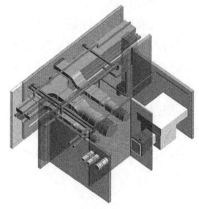

图 8.14　局部三维视图

局部三维视图结合剖面视图则常用于技术交底,通过具体的剖面展示某一局部或细节的信息。它能够辅助施工现场人员理解工程构造和细部安装等问题,提高施工效率和质量。

未来,随着技术的进步和创新,三维视图的应用将会更加普及和深入,为建筑和工程的发展带来更多的可能性和机遇。

(4) 注释图框

在生成剖面视图、平面视图及三维视图后,应添加相应的注释。剖面视图可借助"建模大师"等工具快速引注和排版,但平面视图和三维视图,则须手动逐一注释,借助辅助工具只能在一定程度上提高效率。注释时须秉持无遗漏原则,保证现场管理人员或工人在拿到该图纸后不会因注释不清晰而无法施工。注释后的系统图(局部)和平面图(局部)展示效果如图 8.15、图 8.16 所示。

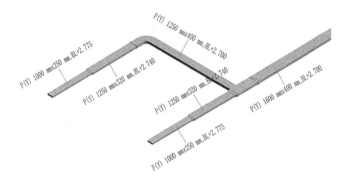

图 8.15 注释后系统图(局部)

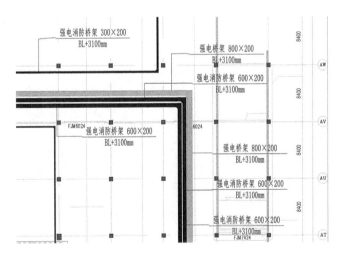

图 8.16 注释后平面图(局部)

4) 成果输出

BIM 项目负责人审核通过后,可以输出相关成果文件以便现场管理人员和工人查阅。为了满足不同需求,通常会同时输出 DWG 和 PDF 两种格式文件。

　　输出文件的主要操作顺序如下：首先，使用 Revit 软件将模型转换为 CAD 软件可读取的 DWG 格式文件。这样可以确保现场管理人员和工人能够在他们常用的 CAD 软件中查阅文件。然后，使用 CAD 软件将 DWG 格式文件转换为 PDF 格式文件。

　　由于 Revit 在开启"着色、阴影、点云、勾绘线"等功能时无法进行矢量打印，直接使用 Revit 输出 PDF 格式文件可能会影响其成像效果。为了解决这个问题，经过测试发现，通过 CAD 软件输出 PDF 格式文件则不受此类限制。因此，选择使用 CAD 软件输出 PDF 格式文件，可以保证成果文件的质量和效果。

9 信息完备性应用

1. 基于 BIM 的模型交付

1）竣工验收交付

竣工验收指建设工程项目竣工后，由投资主管部门会同建设、设计、施工、设备供应单位及工程质量监督等部门，对该项目是否符合规划设计要求以及建筑施工和设备安装质量进行全面检验后，发放竣工合格资料、数据和凭证的过程。

竣工验收是建设工程项目建设周期的最后一道程序，也是我国建设工程的一项基本法律制度。有建设工程就有项目管理，竣工验收又是项目管理的重要内容和终结阶段的重要工作。竣工验收，是全面考核建设工程，检查工程是否符合设计文件要求和工程质量是否符合验收标准，能否交付使用、投产，发挥投资效益的重要环节。国家的有关法律法规明确规定，所有建设工程按照批准的设计文件、图纸和建设工程合同约定的工程内容施工完毕，具备规定的竣工验收条件，都要组织竣工验收。

竣工验收，是全面考核建设工作的重要环节，对促进建设项目（工程）及时投产、发挥投资作用、总结建设经验有重要作用。

2）基于 BIM 的模型交付的新内涵

在 BIM 应用项目中，根据工程项目的实际应用需求，把建筑工程从设计到施工阶段工作所形成的描述建筑工程本体特征的信息集合（设计、施工信息）传递给需求方的行为称作 BIM 交付。应用建筑信息模型进行工程项目交付是一个较为复杂并且持续的信息化过程。交付并不是单一行为，包含交付物、交付准备、交付协同三个方面，主要交付物包含以下内容：

（1）模型文件

模型成果主要包括建筑、结构、机电、钢结构和幕墙专业所构建的模型文件，以及各专业模型整合后的整合模型。模型的交付目的主要是将其作为完整的数据资源，供建筑全生命期的不同阶段使用。为保证数据的完整性，应保持原有的数据格式，尽量避免数据转换造成的数据损失，可采用建模软件的专有数据格式（如 Autodesk Revit 的 RVT、RFT 等格式）。同时，为了在设计交付中便于浏览、查询、综合应用，也应考虑提供其他几种通用的、轻量化的数据格式（如 NWD、IFC、DWF 等）。

（2）文档资料

在 BIM 技术应用过程中所产生的各种分析报告等，由 Word、Excel、PowerPoint 等办公软件生成了相应格式的文件，但在交付时统一转换为 PDF 格式。常见的文档资料成果有模型碰撞检测报告、优化分析报告、检测报告、方案等。

（3）图形文件

图形文件主要是指按照施工项目要求，针对指定位置经 Autodesk Navisworks、Lumion、Fuzor 等软件进行渲染生成的图片，格式为 JPG、PNG 等。该交付形式主要以静态的视觉文件直观反映 BIM 成果交付信息。

（4）动画文件

动画文件主要是指 BIM 技术应用过程中基于视频动画、模拟软件按照施工项目要求进行漫游、模拟，通过专业动画软件、录屏软件录制生成的 AVI、MP4 等格式视频文件。动画文件让 BIM 成果表达更加形象生动、直观明了，成果信息反馈联动直白。这也是目前最常用的 BIM 成果交付形式。

基于 BIM 的模型交付形式多样，受 BIM 合同、项目需求、投资成本、设备支持与投资等因素的影响。成果交付的目的是让 BIM 技术价值得到更好的延续应用，选择适合的成果交付形式让 BIM 的全生命周期应用价值传递更数据化、轻量化、便捷化。

3）基于 BIM 的模型交付的优势

基于 BIM 的模型交付，是以三维模型和信息数据构建的数字孪生建筑为载体，集成数字化工程数据和 BIM 应用数据，通过制定统一的规则和要求，实现工程项目数据的数字化关联和跨阶段交付。该交付形式充分运用 BIM 技术的价值优势，提升了数字化交付的工作效率。相比于传统的工程项目交付，基于 BIM 的模型交付的优势主要体现在以下三个方面。

（1）数据传递的关联性。以 Revit 为例，在使用模型出图的情况下，所设计的平面图、立体图和剖面图与三维模型相互关联，任何的数据调整都能使模型发生同步变化。此外，将电子归档文件与模型关联绑定，可实现在三维环境下解读工程数据。

（2）数据信息的集成性。随着模型在各实施阶段间进行传递，其被赋予的信息也越来越庞大，可见模型中的信息会随着项目的推进而逐步被深化和丰富。此外，基于 BIM 开发项目全过程协同管理平台，使数据更加高度集成且信息流更加通畅。

（3）数据表达的形象化。通过三维模型把信息数据串联在一起，其最大的优点就是让数据变得形象直观，从而更容易被理解和快速搜索与定位。

基于 BIM 的数字化交付要求各参建方首先明确项目交付的需求，从而保证数据交付的质量和数据源的一致性。交付需求中应首先明确数字化交付的范围并对交付物进行规范。在清晰界定交付物内容与规范的基础上，组织数字化交付流程，包括制定交付策略和交付计划、确定交付任务责任矩阵。为了保证交付质量，须制定严格的控制措施，并在验收过程中按照提前约定好的交付流程实施。此外，运用基于 BIM 开发的协同管理平台工具，进一步融入数字化交付需求和流程，从而进一步简化数字化交付工作步骤和提升数字化交付的工作效率。

2. 项目概况

靖江市妇幼保健中心项目(图9.1)位于江苏省靖江市工农北路168号。项目为框架结构,地上8层,地下2层,建筑总高度为39.6 m。总建筑面积为46 338 m²,其中地下建筑面积15 535 m²(地下附建人防工程5 080 m²),地上建筑面积合计30 803 m²(门急诊医技住院楼30 244 m²、附属设施416 m²);总投资17 811.06万元;含有土方工程、土建工程、桩基础工程、基坑围护、电气照明、给排水、钢结构、简单装修、消防、暖通、供电、人防等。

本项目在建设前期便进行土建、安装专业三维建模工作,BIM技术应用于本项目施工阶段各个专业的全过程协调。在现场运用BIM技术进行了全过程多专业协调、管线综合布置、现场布置优化、施工方案对比分析、现场质量管理、现场成本管理、安全文明管理等多项应用。

图9.1 靖江市妇幼保健中心项目效果图

3. 交付流程

1) 模型创建

(1) 设计阶段模型建立

项目在设计阶段利用BIM软件建立建筑、结构、给排水、暖通、电气等全专业模型,借助BIM的协调性优势,提前发现并解决碰撞问题。模型中包含相应设计信息,在提升设计质量的同时,为施工阶段高效运用BIM进行深化设计创造了条件。

(2) 施工阶段BIM深化设计

在施工阶段,根据项目现场实际施工条件和需求,BIM工程师对设计模型进行调整优化,基于模型完成深化设计工作,完善模型施工信息。在BIM软件中对深化设计后的模型进行图纸输出,用于指导现场施工及材料加工等工作,保障模型成果与现场施工完成状态完全一致。

（3）竣工交付阶段

在竣工交付阶段，BIM 工程师将施工过程模型导入轻量化、可关联文档信息的软件平台，继续将设计、施工过程信息关联至轻量化模型中。同时将竣工交付资料纸质文档电子化，根据资料文档属性，分为关联文档与非关联文档两种。其中，将关联文档关联至三维信息模型构件，而对于非关联文档，建立标准结构文件夹进行存储，并将其链接至项目整体模型文件。

完成以上步骤后，审核人员结合实际施工生产信息，对模型和关联信息进行审查、修改等处理，以便使其成为达到符合验收标准的竣工验收模型。通过对模型的审查和修改，可以发现和解决在施工过程中出现的质量问题，保证竣工验收模型的准确性。为了确保竣工验收模型的可靠性，还需要在其基础上建立相应的质量控制和保证体系。同时，需要与相关部门和单位进行合作，进行资料和信息的共享，以提高竣工验收模型的全面性和有效性。模型竣工交付流程如图 9.2 所示。

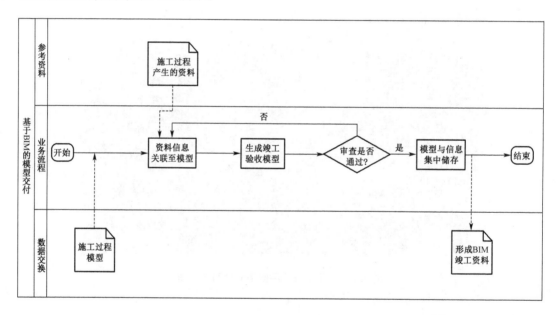

图 9.2　模型竣工交付流程示意图

2）交付内容

交付内容是根据业主要求和运维应用需求，从建筑信息模型中提取所需的信息形成的，主要交付物的代码及类别应符合相关标准规定。作为最全面的交付物，建筑信息模型是承载设计、施工信息的主要载体。其中不仅包括三维模型，也包含相互关联的二维图形、注释、说明以及相关文档等所有的信息介质。由于建筑信息模型中携带了大量的工程信息，BIM 的信息传递主要靠信息模型本身完成，基于模型也可以完成多种技术应用，发挥 BIM 效益的前提是将信息模型作为主要的交付物。

而在实际工作中，受技术水平及环境因素的限制，项目各参与方无法充分利用模型中的工程信息，还需要基于工程图纸完成各项工作。因此，工程图纸仍然是必要的交付物。

为体现 BIM 的效益,避免工程图纸与模型严重脱节,工程图纸应主要基于建筑信息模型来生成。在以后的维护和管理过程中,竣工模型中的数据信息也会对工程运营和维护起到重要的参考和依据作用。表 9.1 列出了一些模型交付数据的要求。

表 9.1　模型交付数据的要求

模型元素类型	模型元素及信息
施工过程模型包括的元素类型	包括施工过程模型元素及信息元素类型
设备信息	设备厂家、型号、操作手册、试运行记录、维修服务等信息
竣工验收信息	(1) 施工单位工程竣工报告; (2) 监理单位工程竣工质量评估报告; (3) 勘察单位勘察文件及实施情况检查报告; (4) 设计单位设计文件及实施情况检查报告; (5) 建设工程质量竣工验收意见书或单位(子单位)工程质量竣工验收记录; (6) 竣工验收存在问题整改通知书; (7) 竣工验收存在问题整改验收意见书; (8) 工程具备竣工验收条件的通知及重新组织竣工验收通知书; (9) 单位(子单位)工程质量控制资料核查记录; (10) 单位(子单位)工程安全和功能检验资料核查及主要功能抽查记录; (11) 单位(子单位)工程观感质量检查记录; (12) 住宅工程分户验收记录; (13) 定向销售商品房或职工集资住宅的用户签收意见表; (14) 工程质量保修合同; (15) 建设工程竣工验收报告; (16) 竣工图

参考文献

［1］中华人民共和国住房和城乡建设部,中华人民共和国国家质量监督检验检疫总局.建筑信息模型应用统一标准:GB/T 51212—2016［S］.北京:中国建筑工业出版社,2017.

［2］中华人民共和国住房和城乡建设部,中华人民共和国国家质量监督检验检疫总局.建筑信息模型分类和编码标准:GB/T 51269—2017［S］.北京:中国建筑工业出版社,2018.

［3］中华人民共和国住房和城乡建设部,中华人民共和国国家质量监督检验检疫总局.建筑信息模型施工应用标准:GB/T 51235—2017［S］.北京:中国建筑工业出版社,2017.

［4］中华人民共和国住房和城乡建设部,国家市场监督管理总局.建筑信息模型设计交付标准:GB/T 51301—2018［S］.北京:中国建筑工业出版社,2019.

［5］陆泽荣,刘占省.BIM 技术概论［M］.2 版.北京:中国建筑工业出版社,2018.

［6］王醇晨,姚凯,裴晓,等.2022 上海市建筑信息模型技术应用与发展报告［R］.上海:上海市住房和城乡建设管理委员会,2022.

［7］中华人民共和国人力资源和社会保障部.人力资源和社会保障部关于《建筑信息模型技术员国家职业技能标准(征求意见稿)》等 4 个职业技能标准公开征求意见的通知［EB/OL］.(2021－06－01)［2023－06－14］. http://www. mohrss. gov. cn/SYrlzyhshbzb/zcfg/SYzhengqiuyijian/202106/t20210603_415735. html.